이원복 교수의
와인의 세계, 세계의 와인
1 와인의 세계

와인의 세계, 세계의 와인 | 1 와인의 세계

1판　1쇄 발행 2007. 12. 24.
1판 87쇄 발행 2022. 12. 20.
개정판 1쇄 발행 2023. 4. 27.
개정판 2쇄 발행 2024. 2. 26.

글·그림　이원복

발행인　박강휘
편집　박민수　디자인　윤석진　마케팅　고은미　홍보　이한솔
발행처　김영사

등록　1979년 5월 17일 (제406-2003-036호)
주소　경기도 파주시 문발로 197(문발동) 우편번호 10881
전화　마케팅부 031)955-3100, 편집부 031)955-3200　팩스　031)955-3111

저작권자 ⓒ 이원복, 2023
이 책은 저작권법에 의해 보호를 받는 저작물이므로
저자와 출판사의 허락 없이 내용의 일부를 인용하거나 발췌하는 것을 금합니다.

값은 뒤표지에 있습니다.
ISBN 978-89-349-6587-9　17590

홈페이지　www.gimmyoung.com　　블로그　blog.naver.com/gybook
인스타그램　instagram.com/gimmyoung　이메일　bestbook@gimmyoung.com

좋은 독자가 좋은 책을 만듭니다.
김영사는 독자 여러분의 의견에 항상 귀 기울이고 있습니다.

― 이원복 교수의 ―
와인의 세계, 세계의 와인

1

와인의 세계

이원복 글·그림

김영사

개정판 책머리에

《와인의 세계, 세계의 와인》 1권과 2권이 출간된 지 벌써 15년여가 흘렀다. 와인 바람이 크게 불기 시작하던 당시에 비해 지금은 어느 정도 와인 문화가 대중적으로 자리를 잡아가는 추세다. 그러나 아직도 많은 사람이 와인을 가까이하기에 어려워하는 것이 현실이고, 그래서인지 가격이나 지식에 거품이 끼어 있는 것 또한 사실이다.

와인을 고급 음료이자 문화적 음료로 보는 선입견은 어떻게 형성된 것일까? 와인과 와인 문화가 우리나라에 유입된 것은 최근의 일이고, 일부 계층에서 주로 소비되었다. 그들은 심지어 와인에 대한 지식을 '필수 덕목'쯤으로 여기며 와인을 경배의 대상으로 섬기는 일종의 콤플렉스 현상까지 빚어냈다. 그러나 와인은 우리가 일상적으로 접하는 소주, 막걸리, 맥주와 마찬가지로 알코올 음료의 하나일 뿐이다. 다만, 그 종류가 헤아릴 수 없이 다양하고, 품질과 가격 또한 천차만별이다. 원료인 포도는 연평균 기온이 10~20도인 지역이면 재배가 가능하다. 그래서 와인은 맛과 향이 다양하며, 오감으로 즐길 수 있는 음료다. 이 점 때문에 세계인의 사랑을 받고 있지만, 와인이라는 음료를 잘 모른다고 해서 주눅들 필요는 전혀 없다.

나는 세상에서 가장 못 믿을 거짓말 가운데 하나가 "와인을 안다"는 말이라고 믿는다. 제아무리 유능한 와인 메이커나 소믈리에도 세계의 모든 와인을 알 수는 없다. 와인이라는 넓디넓은 바다의 일부만을 아는 것일 뿐이다. 그러므로 일반 대중, 특히 와인 문화를 최근에야 접하게 된 우리나라 사람들이 와인을 낯설어하는 것은 당연하다. 공부해가면서까지 마실 필요도 없다. 다만, 매우 다양하고 방대한 와인의 세계에서 최선의 선택을 하기 위해 최소한의 지식을 갖추면 큰 도움을 받을 수 있다. 선입견이나 거품에 좌우되지 않고 적정한 가격으로 자신의 취향을 살리는 와인을 고르는 데 필요한 정도면 된다.

10여 년 전, '와인 숭배 문화'(?)에서 비롯한 뭇사람들의 오해를 풀고자 초판을 출간했다. 내 돈 내고 내가 사 마시는 소비 주체로서 당당한 '와인 주권(主權)'을 지키자는 취지였다. 와인 문화가 제대로 자리를 잡아가고 있다고 느끼는 요즘이지만, 그 기간이 길지 않기에 선입견과 거품이 여전하다. 와인에 대한 최소한의 지식이 필요하다는 생각에는 변함이 없다.

초판이 나온 지 십수 년이 지나고 나니 많은 것이 바뀌었다. 그 속도는 더욱 빨라지고 있다. 전체적인 틀이야 변동이 없지만 통계 수치나 여러 세부적인 요소가 과거와 달라져 수정 보완의 필요성을 느끼다가 이제 그 업데이트 판본을 새로이 선보이게 되었다. 부디 자신의 취향을 고려해 적당한 가격대의 '내 와인'을 찾는 데 조그만 도움이 되기를 바란다.

2023년 봄

이원복

책머리에

와인 바람이 뜨겁다. 이는 우리나라뿐 아니라 세계적인 현상으로 다양하고 품위 있는 음료를 원하는 웰빙 바람의 하나이기도 하다. 와인 열풍은 환영할 일이지만 와인의 무게에 눌려 스트레스를 받는 것은 바람직하지 않다. 내 기호대로 당당하게 와인을 고르고 거리낌 없이 평가하면 될 일이다. 와인은 어디까지나 와인일 뿐이지 그 이상도 그 이하도 아니다. 와인을 마시는 것은 우리 자신이다.

이 책은 와인 자체에 대한 접근은 물론, 와인에 얽힌 곁 이야기를 중심으로 쉽고 편하게 와인에 접근할 수 있도록 하려는 의도에서 기획되었다. 와인을 다스리는 주인이자 당당한 애호가가 되기 위한 입문서이다. 가벼운 마음으로 읽고, 와인이 무엇인지 개념을 분명히 하고 자신의 기호를 당당히 내세울 수 있다면 이 책을 만든 보람은 넘쳐날 것이다.

원래 한 권으로 계획한 책이었는데 만들다 보니 하고 싶은 이야기가 넘쳐 결국 두 권으로 쪼개게 되었다. 첫 번째 권은 와인과 와인의 역사 등을 다룬 "와인의 세계"이고, 두 번째 권은 세계의 다양한 와인과 와인에 대한 편견들을 다룬 "세계의 와인"이다. 필자는 스스로 와인에 빠진 애호가이기는 하지만 결코 전문가는 아니며 또 전문가이고 싶지도 않다. 영원한 애호가로 남기를 바랄 뿐이다. 오래 즐기면서 마셔온 게 와인이다 보니 흥에 겨워 책을 만들게는 되었지만, 모자라는 점이 많아 많은 자료를 수집하고 뒤져본 것은 물론 여러 차례 와이너리에 직접 가서 눈으로 확인하기도 하였다. 이 작업은 내가 지금까지 해온 작업 가운데 역사, 경제

등 비교적 무거운 주제에서 벗어난 가장 즐겁고 행복한 "외도"였다. 특히 로마네 콩티 본사 지하 저장고에서 맛본 여섯 가지의 DRC는 이 책을 만들면서 누렸던 가장 즐거운 추억으로 남을 것 같다.

이 책이 나오기까지 모든 지원을 아끼지 않은 (주)김영사와 직원 여러분, 그리고 헌신적으로 도와준 그림떼 제자들에게 사랑과 감사를 보낸다. 그리고 모든 와인 애호가들과 함께 건강과 행운을 기원하며 건배하고 싶다.

2007년 크리스마스에
이원복

와인의 세계, 세계의 와인 1. 와인의 세계 | 차례

개정판 책머리에 4
책머리에 6

왜 와인이지? _ 와인이 뭐길래… 13

밀레짐 | 카라프 | 부케 | 와인스노브 | 와인과 전쟁 | 와인과 예술가 | 오감으로 즐기는 와인 | 알코올음료의 종류 | 알코올음료의 분류 | 인류 최초의 음료, 와인 | 농경문화의 계기가 된 와인 | 와인은 가장 순수한 음료 | 와인은 천지인의 합작품 | 와인은 가장 다양한 음료 | 와인의 개념 변화 | 와인소비의 증가 | 웰빙과 와인 | 한국과 일본의 특별한 열광 | 한국과 일본, 첫 서양의 지배 | 서구에 대한 동경과 와인 | 와인은 가장 문화적인 음료 | 로마네 콩티 | 와인은 종교적인 음료

AOC제도는 언제 생겼을까? _ 와인의 역사 49

최초의 와인 | 인류 경제의 시초 | 고대 이집트의 와인 | 암포라와 크라테르 | 심포지움 | 고대 로마의 와인문화 | 수도원과 교회의 포도원 | 이슬람세계의 와인 | 엘레오노르의 재혼 | 클라레 | 코트 뒤 론 | 종교개혁과 와인 | 브랜디의 등장 | 셰리와 포트와인의 발달 | 와인의 브랜드화 | 미국인의 와인애호 | 와인의 정의 | 와인과 프랑스대혁명 | 대륙봉쇄령과 와인시장 | 와인생산의 변화 | 샤토 | 샤토와 신흥 부르주아 귀족 | 파리 만국박람회 | 그랑 크뤼 클라세 | 샤토 오브리옹 | 샤토 무통 로칠드 | 샤토 랭슈 바주와 샤토 팔메 | 보르도의 다양한 그랑 크뤼 제도 | 그랑 크뤼란? | 크뤼 부르주아 | 샴파뉴의 등장과 동 페리뇽 | 클리코 부인 | 미국과 이탈리아의 와인 | 19세기 와인산업의 시련 | 금주운동 | 금주운동의 확산 | 미국의 금주법 | 포도뿌리혹벌레, 필록세라 | 필록세라의 재앙 | 미국 품종의 뿌리와 접붙이기 | 세계적인 필록세라 피해 | 19세기 말, 와인의 사중고 | AOC | 군대와 와인 | 세계대전과 와인산업의 시련 | 소생하는 와인업계 | 와인소비의 감소 | 와인소비 감소의 원인 | 와인소비의 대중화 | 신대륙 와인의 도전 | 미국 와인의 약진 | 신대륙 와인의 전략 | 필리프 로칠드 남작 | 와인기업의 변화 | 와인은 프랑스의 자존심 | 와인의 역사는 프랑스 와인의 역사

와인은 어떤 포도로 어떻게 만들어지나? _ 포도 품종과 와인양조법 111

포도 품종 | 스타 포도 품종 | 카베르네 소비뇽 | 메를로 | 피노 누아 | 시라/시라즈 | 샤르도네 | 리슬링 | 소비뇽 블랑 | 세미용 | 카베르네 프랑 | 말벡 | 네비올로 | 산지오베제 | 템프라니요 | 진판델 | 슈냉 블랑 | 게뷔르츠트라미너 | 피노 그리 | 실바너 | 비오니에 | 피노 블랑 | 라벨 | 포도의 수확 | 압착 | 발효 | 이스트 첨가 | 후발효 | 바리크 | 숙성창고 | 블렌딩 | 와인 제조과정 | 로제와인 제조과정 | 샴파뉴 제조과정 | 발포성 와인 | 셰리 제조과정 | 피노와 올로로소 셰리 | 포트와인 | 코냑과 아르마냑

와인을 만나기 전에 _ 미리 알아두어야 할 것들 161

- **테루아** 162
- **빈티지** 167
- **타닌** 174
- **바리크** 177
- **공기와 온도** 184
  코르크마개 | 숨쉬기, 브리딩 | 디캔팅 | 스크루캡 | 와인을 맛있게 마시는 온도 | 와인잔
- **와인의 가격** 191
  와인의 매매 | 와인 선물시장 | 보르도 와인의 가격 | 와인가격의 상승 | 가장 비싼 와인 | 샤토 마고 1787년산
- **와인의 평가** 198
  로버트 파커 | 파커포인트 | 파커에 대한 비판 | 존 드보르작의 파커포인트 비판 | 파커가 선정한 최고의 와인
- **파리의 심판** 206

부록 | 와인의 세계 깊이 들여다보기 211

세계의 포도 품종 | 올드와인의 레벨 | 1992년 이래 세계 최고의 소믈리에 | 와인병의 크기와 호칭 | 마시기에 적당한 와인의 온도 | 세계의 와인생산 | 와인소비 상위 10개국 | 와인수출 상위 10개국 | 와인수입 상위 10개국 | 와인의 보디 | 세계 50대 블루칩와인 | 세계 50대 컬트와인 | 와인 용어사전 | 참고문헌

In vino veritas.

와인 속에 진리가 있다.
_그리스 격언

왜 와인이지?

와인이 뭐길래…

*롤런드슨 Rowlandson 그림, 1798년

18세기 말, 런던의 와인마시기클럽 회원은
반드시 최소한으로 정해진 병수만큼은
와인을 마셔야 했대.

우아~ 분위기 좋고!
완전히 부어라
마셔라 판이군!

으히히히…
지상의 낙원이
따로 없네!

예나 지금이나 저렇게
마시면 안 되는 거 알지?

❖ **밀레짐**

*millésime *grand cru

❖ **카라프**

*decanter **carafe

*dégustation

❖ 부케

*bouquet

❖ **와인스노브**

*Appellation Saint-Émilion Grand Cru Contrôlée

*wine-snob

*보르도의 마고(Margaux) 어귀 표지판

❖ 와인과 전쟁

1812년 9월 7일, 나폴레옹이 이끄는 60만 명의 프랑스 대군이 러시아를 침공했어.

기원전 480년, 페르시아가 그리스를 침공한 이래 최대 규모의 군대가 동원된 것이지.

1천 문의 대포와 함께 4만 대의 군수품 수레가 뒤를 따랐는데

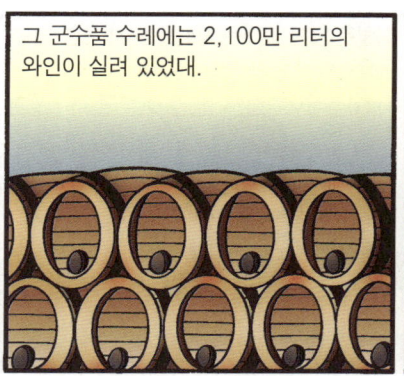
그 군수품 수레에는 2,100만 리터의 와인이 실려 있었대.

무려 2,800만 병이나 되는 양이었지.
오늘날 국제규격상 와인 1병 = 0.75리터
28,000,000병

하지만 이 엄청난 와인도 나폴레옹 대군에게는 120일 남짓이면 떨어질 양이었어.
병사 1인당 하루 0.5리터!
하루에 총 23만 리터니 120일치!
그 안에 전쟁이 끝나겠지!

와인은 이렇듯 군대에서도 절대 없어서는 안 되는 군수품이었어.

전장에서는 식수 대신 지급되기도 했고
적이 우물에 독을 풀지도….

약간의 알코올은 병사들의 사기를 돋워주는 활력소가 되었으며
돌격ㅆ!
딸꾹

부상자들에겐 고통을 덜어주는
이걸 좀 마시게, 좀 나아질 거야.
으으으….

마취제이자 치료제로도 쓰였지.
흐우

비시정부* 수반이었던 페탱은 이렇게 말했어.
와인은 병사들이 가장 기다리는 보급품이다.
와인의 보급은 총탄의 보급과도 같다!
Henri Philippe Pétain
1856~1951

*Gouvernement de Vichy : 제2차 세계대전 당시 나치 점령하의 프랑스 꼭두각시 정부

❖ 와인과 예술가

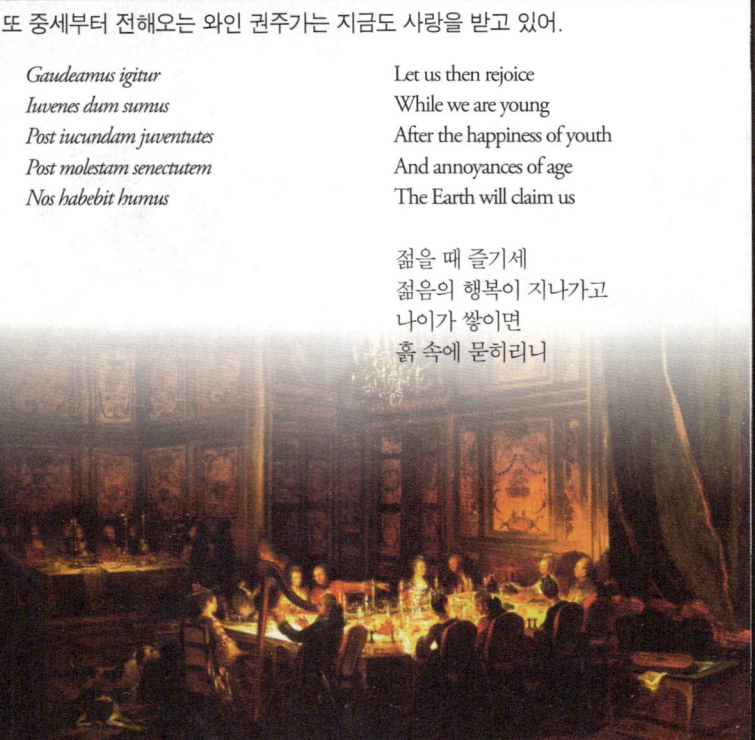

*미셸 바텔레미의 그림. 로마네 콩티의 주인 루이 프랑수아 왕자(가운데 손가락질하는 사람)의 와인파티

❖ 오감으로 즐기는 와인

❖ 알코올음료의 종류

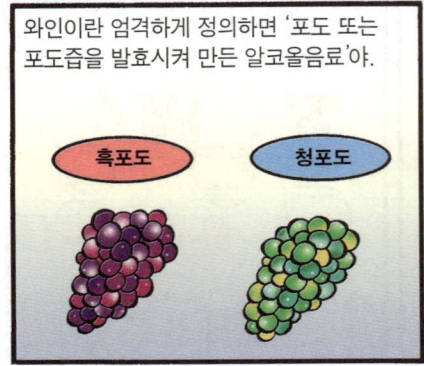
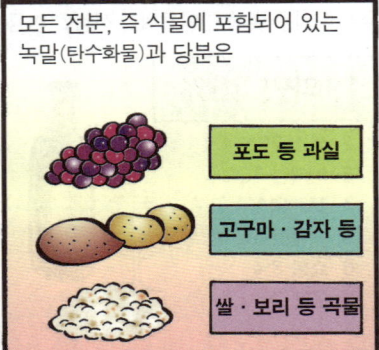

❖ 알코올음료의 분류

❖ 인류 최초의 음료, 와인

이 지구상에 인류가 처음 나타난 것은 약 200만 년 전이라고 추정하지.

그러나 포도는 인류가 탄생하기 훨씬 전인 약 700만 년 전부터 있어왔어.

자연의 섭리에 따라, 포도나무는 열매를 맺고

다 익은 열매는 저절로 떨어져 나무 밑에 쌓이고

포도알 속의 당분이 발효하면서 자연이 빚은 와인이 되었겠지.

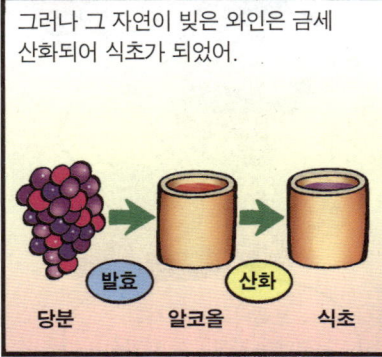
그러나 그 자연이 빚은 와인은 금세 산화되어 식초가 되었어.

이러한 자연현상은 인간과 관계없이 수백만 년 동안 계속되었지.

지구상에 등장한 인류는 사냥을 시작하기 전에는 열매와 곡식을 채집해 먹거리로 삼았는데

자연히 웅덩이에 고인 액체를 마셔보게 되었겠지.

그들은 이 액체를 마시면 기분이 이상해진다는 사실을 경험을 통해 알았고

드디어는 이 액체를 만들어 마시는 농경시대로 접어들었어.

❖ 농경문화의 계기가 된 와인

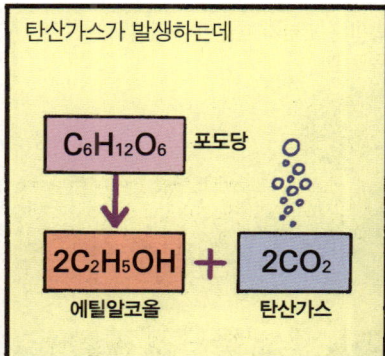

❖ 와인은 가장 순수한 음료

와인은 오로지 포도만을 사용해 만드는 음료로

그 외에는 어떤 물질도 첨가하지 않은 순수한 음료지.

*지역에 따라 법률로 정해 당분을 추가하는 경우도 있음

포도 수확 직후 발효 중 살균 효과를 위해 극히 적은 양의 아황산염*가스를 첨가하는데

*Sulfite, 아황산염=이산화황

이는 와인이 산소와 접촉해 식초로 변하는 것을 막는 산화방지제로

중세 때부터 사용돼왔죠.*

*중세에는 오크통 세척용으로 사용

와인의 신선도를 유지하고 부패를 막아주는 역할을 하지만

와인의 산화를 막고

미생물의 활동을 억제해 신선하게 유지한다.

코르크를 빼는 순간 공기 속으로 증발하므로 인체에 전혀 해롭지 않아.

바이, 바이! 내 임무는 이제 끝났어.

그러나 이 가스를 주입한 와인은 라벨에 아황산염이 첨가되었음을 명시하게끔 되어 있는 나라도 많아.

특히 최상위 와이너리의 와인이나 내추럴 와인에는 어떤 재료도 첨가되지 않지.

순수한 자연인 흙에서 빨아들인 양분과

순수한 자연인 하늘이 내려주는 빗물과

순수한 햇볕을 받으며 자라난 포도나무가 맺은 포도로 만드는 음료가 바로 와인이야.

*로마네 콩티 포도원

❖ 와인은 천지인의 합작품

여기에 포도가 잘 자라고 병이나 해충의 피해를 당하지 않도록

끊임없이 돌보는 인간의 순수한 땀이 더해져 탄생되는 하나의 작품이지.

햇볕과 비를 내려주는 하늘〔天〕.

수많은 품종의 포도가 서로 다른 맛과 향을 내도록 길러내는 땅〔地〕.

*부르고뉴 본-로마네(Vosne-Romanée)의 토질

그리고 포도를 키우고, 그 포도로 가장 맛있는 와인을 만드는 인간〔人〕.

*포도알의 당도(糖度)를 측정하는 모습

그래서 와인은 하늘과 땅 그리고 인간의 합작품, 즉 천지인(天地人)의 합작품이라고 해.

天 + 地 + 人 = 와인

| 햇볕 비 | 토양 양분 | 노동 연구 노력 |

포도에 다른 물질을 섞어서 만든 와인은 없나요? 포도 말고도 맛과 향이 좋고 당분이 많은 과일이 많을 텐데….

다른 재료가 섞이는 순간, 그것은 이미 와인이 아니야.

'와인'은 포도 또는 포도즙만을 발효시켜 만든 음료라는 규정이 1907년부터 '법적'으로 확고부동하게 정해져 있어.

wine(vin) = 포도 또는 포도즙만 발효시켜 만든 음료

와인이 이처럼 주로 포도만으로 만든 순수하고 자연스러운 음료이기 때문에

다른 알코올음료에 비해 건강에도 덜 해롭고 뒤끝이 깨끗한 거야.

많이 마시면 머리 아프던데….

많이 마시고 머리 안 아픈 술이 어딨니? 적당히 마셔야지!

❖ 와인은 가장 다양한 음료

와인은 또 이 세상에서 가장 다양한 음료야!

세계적으로 수만에 이르는 와인업체가 수십만 종의 와인을 생산하고 있어.

위스키든 소주든, 어떤 알코올음료나 일반음료도 한 종류에 수십만 가지의 상품이 생산되는 것은 없어.

나라마다 다양한 와인이 생산되고

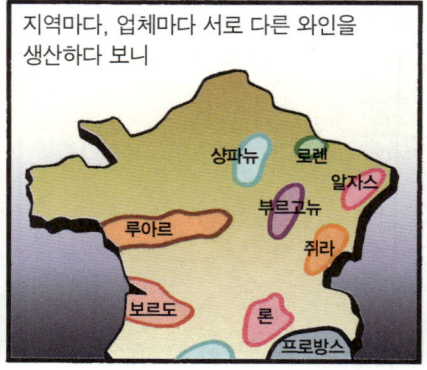
지역마다, 업체마다 서로 다른 와인을 생산하다 보니

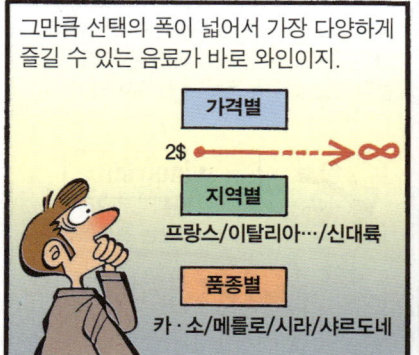
그만큼 선택의 폭이 넓어서 가장 다양하게 즐길 수 있는 음료가 바로 와인이지.

종류가 그렇게 헤아릴 수 없이 다양하다 보니

가격 또한 천차만별이지. 그중에는 하늘과 땅만큼 차이가 나는 것도 있어.

위스키 가격을 한번 비교해볼까?

슈퍼마켓에서 살 수 있는 값싼 것부터

집에서 혼자 마시기 좋겠군!

몇백 달러에 이르는 최고급품까지 다양한 가격대의 위스키가 있지만

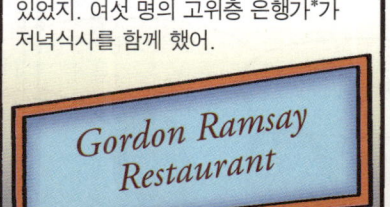

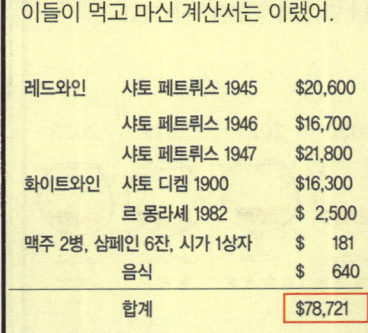

*winery : 와인양조장

*본-로마네(부르고뉴)

*다양한 크기의 보르도 와인병

❖ **와인의 개념 변화**

❖ 와인소비의 증가

❖ 웰빙과 와인

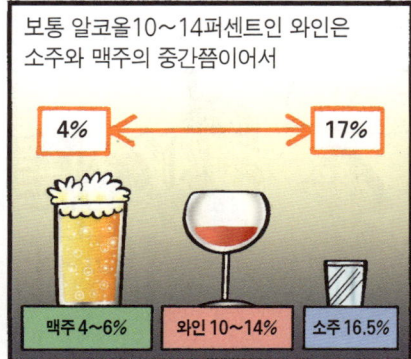

❖ 한국과 일본의 특별한 열광

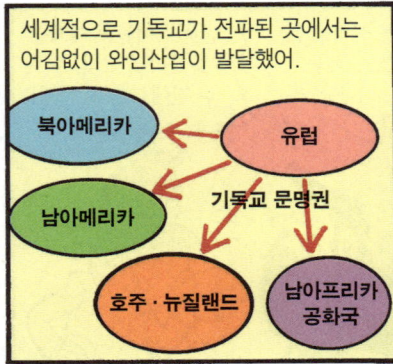

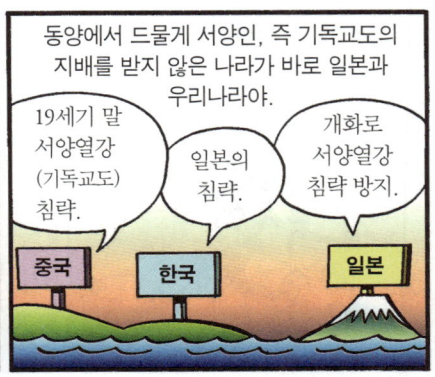

❖ **한국과 일본, 첫 서양의 지배**

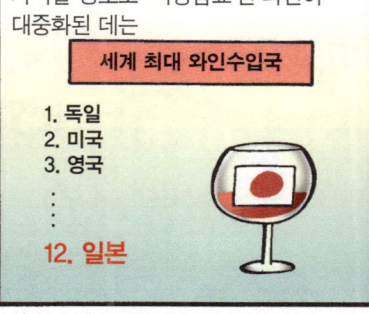

❖ 서구에 대한 동경과 와인

❖ 와인은 가장 문화적인 음료

  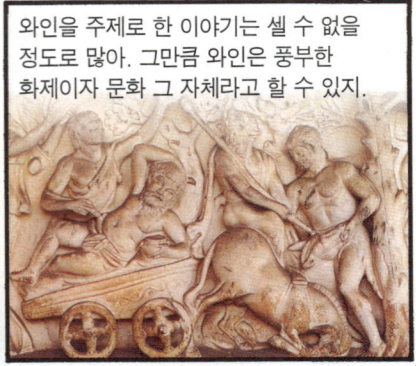

*Château Lafite Rothschild   *샤토 라피트 로칠드

 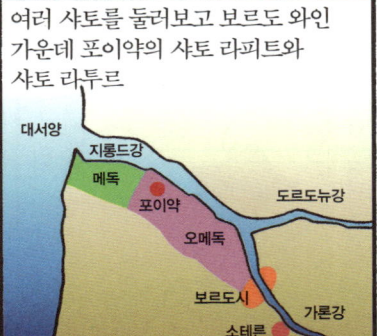 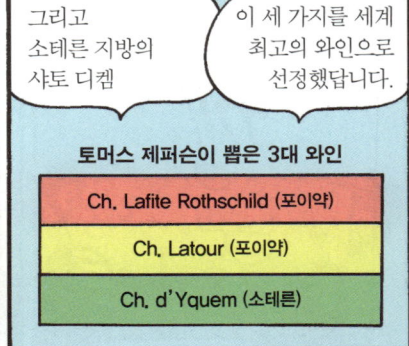

❖ 로마네 콩티

자, 이곳이 세계에서 가장 비싼 와인인 로마네 콩티가 생산되는 포도밭입니다.

이 포도밭을 차지하려고 루이 15세의 정부였던 마담 퐁파두르와 사촌동생인 프랑수아 왕자가 보이지 않는 경쟁을 했다지요.

프랑수아 왕자는 당시 프랑스 궁정에서 가장 실력 있는 왕족으로

Prince Louis-François

그의 별명만 해도 엄청나게 길어 위세가 어느 정도였는지 짐작할 수 있지요.

Très Haut très Puissant Monseigner Louis-François de Bourbon de Conti Prince du Sang

고귀하고 전능한 혈통의 왕자, 콩티의 루이 프랑수아 부르봉 왕자 전하

그의 별명에서 뒷날 로마네 콩티라는 와인 이름이 유래되지요.

로마네 콩티

ROMANÉE-CONTI

프랑수아 왕자는 43세 되던 1760년 엄청난 거금을 주고 이 포도밭을 사들였는데

내 전재산 올인이닷!

이 포도밭만은 남에게 빼앗길 수 없다!

1,100만 파운드

경쟁자 퐁파두르 부인이 눈치채지 못하게 자신의 집사 명의로 했지요.

내가 산 게 알려지면 왕과의 관계도 까칠해지네.

걱정 마십쇼, 주군!

다음 대접할 와인은 알록스 코르통*, 역시 부르고뉴 와인입니다.

*Aloxe-Corton

하하… 드디어 나폴레옹이 즐겨 마시던 와인이!

여기에 곁들여, 생선요리엔 코르통 샤를마뉴*입니다.

*Corton-Charlemagne

와우, 샤를마뉴*가 즐겨 마셨다는 화이트와인!

샤를마뉴는 원래 레드와인을 즐겼답니다. 그런데…

*카를 대제

그의 흰수염에 붉은 포도주가 묻자 아내가 화이트와인을 권했다네요. 그래서 샤를마뉴라는 이름이 붙은 거죠.

폐하… 화이트로…

와인에 대한 이야기는 참 끝이 없군요.

프랑스 와인 중에 고급이 많은 것은 이런 문화가 가격에 포함되었기 때문이군요!

❖ 와인은 종교적인 음료

*낭시 대성당의 성배(10세기경)

*디오니소스와 헤라클레스(기원전 1세기경 모자이크)

*미르치아 엘리아데, 『세계 종교·사상사』

*요한복음 2 : 1~11   *요한복음 15 : 1~5

*누가복음 22 : 18~20

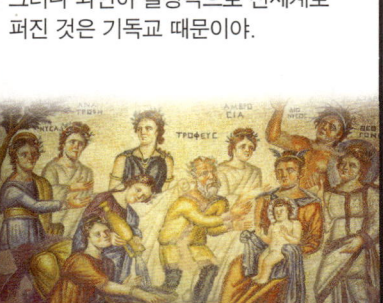

*어린 바쿠스, 5세기 모자이크. 초기 기독교에서는 예수와 바쿠스의 이미지가 혼합되기도 했다.

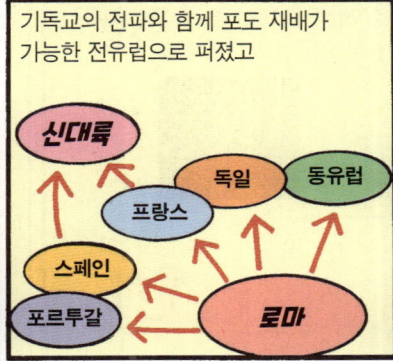

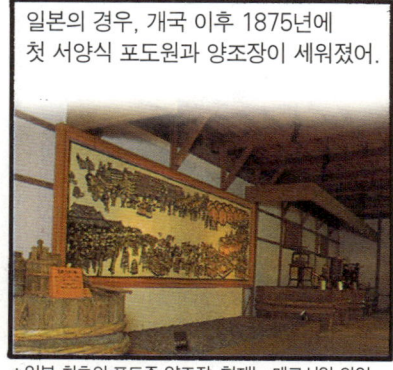

AOC제도는 언제 생겼을까?

와인의 역사

*〈굴로 아침식사를〉: 장 프랑수아 트루아(1679~1752) 그림

❖ 최초의 와인

*조지아 지방에서 와인이 처음 제조되었다고 함.

❖ 인류 경제의 시초

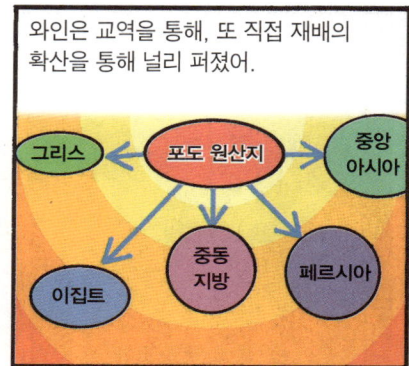

*와인을 운반하는 그리스 배

❖ 고대 이집트의 와인

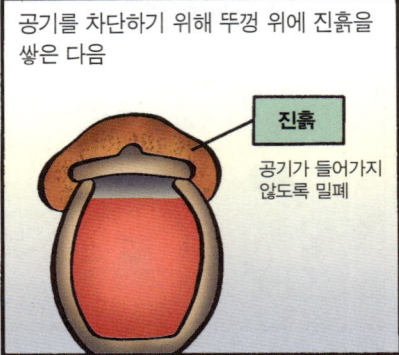

*흙단지에 찍힌 무늬. 만든 사람과 연도가 적힌 것도 있다.

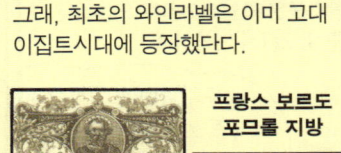

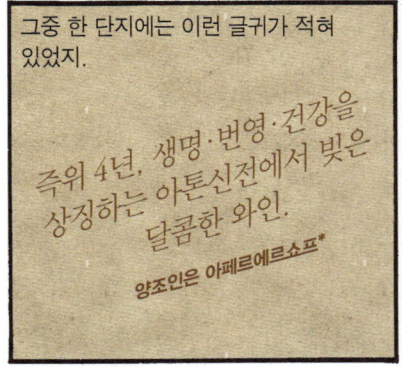

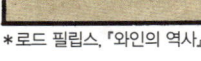

*포도원이 있는 양조장에서 병에 담은 와인

❖ 암포라와 크라테르

*그리스시대의 와인단지

*암포라(와인단지)에 그려진 포도재배 장면

고대 그리스시대인 기원전 3세기에 와인은 이미 산업화 단계로 접어들었어.

당시 3대 주요 생산물은 올리브, 곡물, 포도였는데

그리스인들은 식민지를 개척하는 곳마다 포도재배를 전파했지.

이탈리아와 남부 프랑스는 물론 스페인까지 와인문화를 전한 것도 바로 그리스인들이야.

Oinotoria! 와인의 땅!

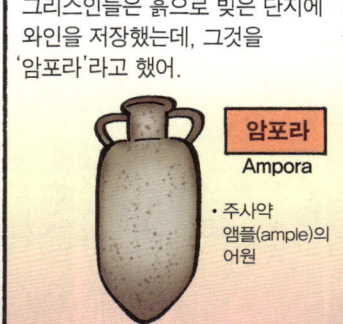

그리스인들은 흙으로 빚은 단지에 와인을 저장했는데, 그것을 '암포라'라고 했어.

암포라 Ampora
• 주사약 앰플(ample)의 어원

두 사람이 들 수 있도록 두 개의 손잡이를 달고

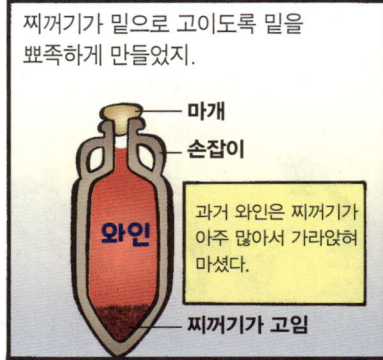

찌꺼기가 밑으로 고이도록 밑을 뾰족하게 만들었지.

마개
손잡이
와인
과거 와인은 찌꺼기가 아주 많아서 가라앉혀 마셨다.
찌꺼기가 고임

그리스에서 와인은 아주 일상적인 음료여서

덥다!
와인 한잔 하세요! 목마르실 텐데…

그냥 마시지 않고 반드시 물을 섞어 연하게 해서 마셨어.

와인 물

*Krater

암포라에 보관했던 와인을 마실 때는 크라테르*라는 커다란 단지에 부어 물을 탔는데

대개 1천 리터 정도의 양이었어.

여러 가족이 마시는 식수 같으니!
와인 물
크라테르

물을 타지 않은 와인을 마시는 사람은 술주정꾼이나 이상한 사람 취급을 받았지.

와인을 스트레이트로?
제정신 아닌가 봐!

❖ 심포지움

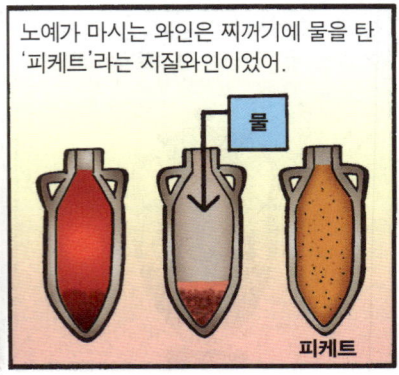

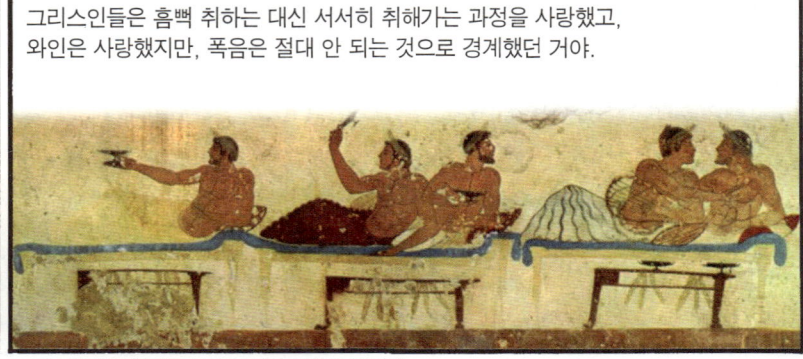

*그리스인들의 심포지움. 프레스코벽화, 기원전 475년경

❖ 고대 로마의 와인문화

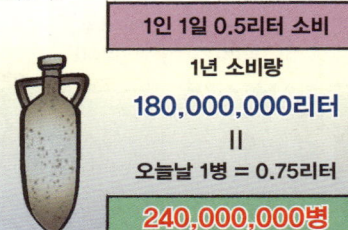

*고대 로마시대 폼페이의 벽화

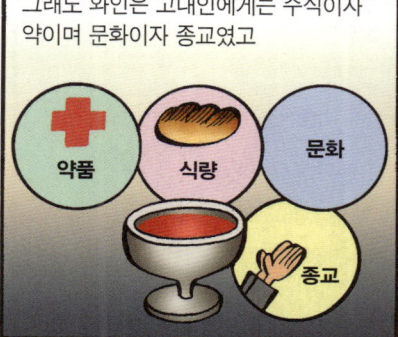

*고대 그리스의 와인문화

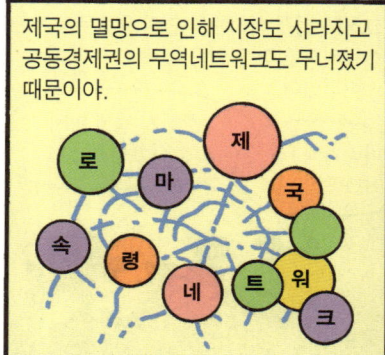
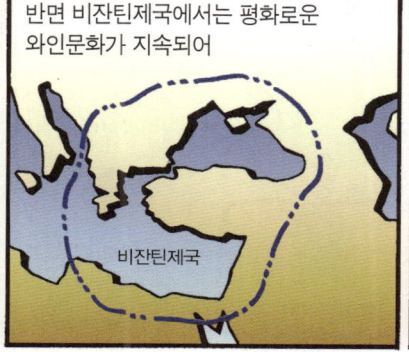

❖ 수도원과 교회의 포도원

*포도 밟는 예수 : 중세에 자주 등장한 모티브, 16세기 그림

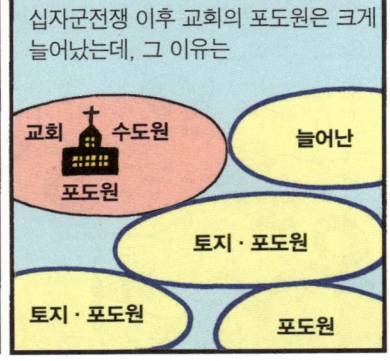

❖ 이슬람세계의 와인

❖ 엘레오노르의 재혼

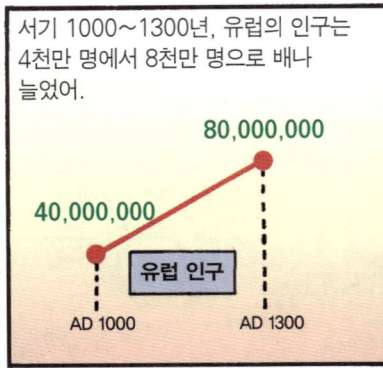

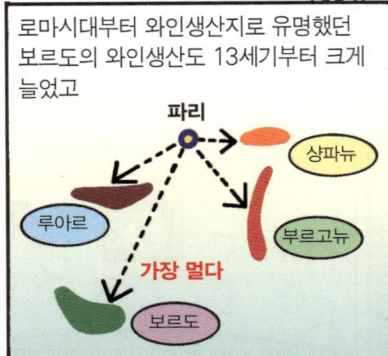
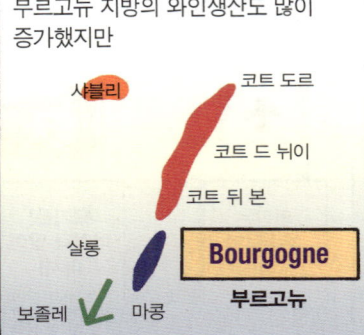

*프랑스 왕 루이 7세와 엘레오노르의 결혼(1137)　　*엘레오노르 다키텐(아키텐)

*헨리 2세(1133~1189)

❖ 클라레

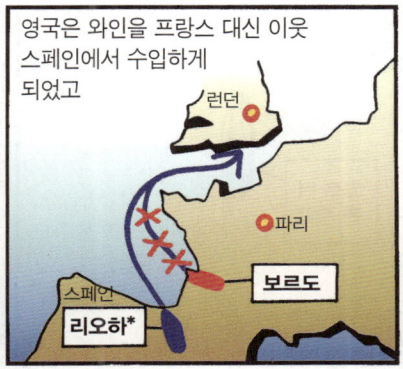

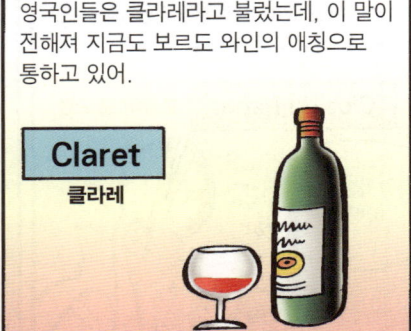
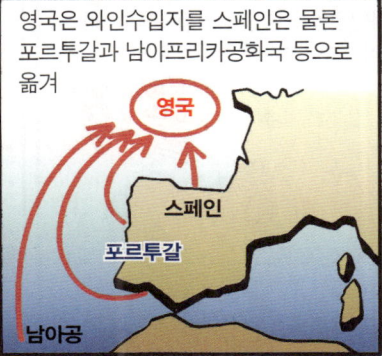

❖ 코트 뒤 론

*Avignon

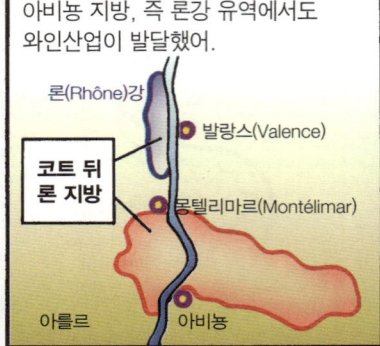

*와인을 재배하는 농가들

❖ 종교개혁과 와인

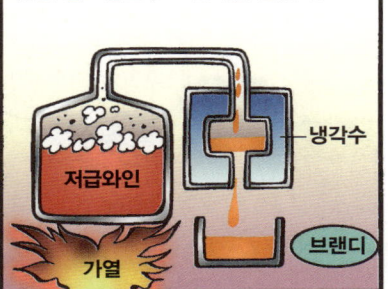

❖ **브랜디의 등장**

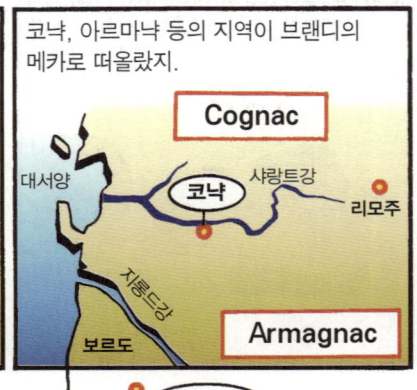

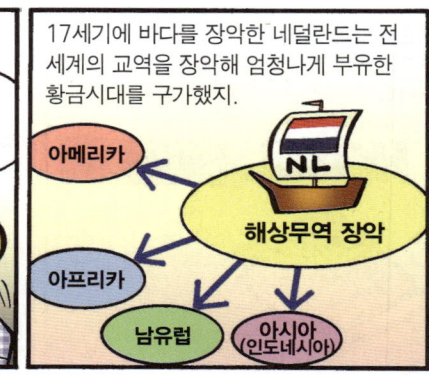

*北蒸南葡

❖ 셰리와 포트와인의 발달

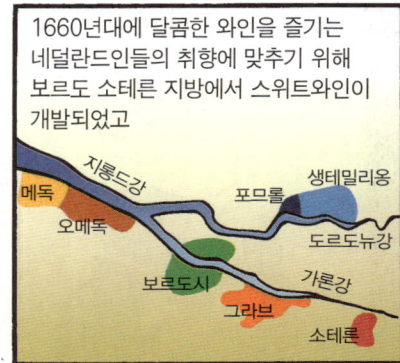

1660년대에 달콤한 와인을 즐기는 네덜란드인들의 취향에 맞추기 위해 보르도 소테른 지방에서 스위트와인이 개발되었고

그중에서도 샤토 디켐은 세계에서 가장 비싼 스위트와인으로 꼽히지.

프랑스 왕 루이 14세가 한창 번창하던 와인산업에 높은 세금을 매기자

장삿속에 밝은 네덜란드인들은 스페인과 포르투갈로 수입원을 바꾸고

포도주에 브랜디를 넣어 알코올을 강화한 와인을 대량 수입했어.

이렇게 해서 스페인의 셰리와인과 포르투갈의 포트와인이 세계적으로 유명해진 거야.

*Jerez de la Frontera 헤레스 데 라 프론테라

17세기에 발견된 코르크마개는 와인산업에 대혁명을 불러왔어.

그리스시대에도 코르크나무와 송진을 이용해 암포라를 밀봉, 와인이 상하는 것을 막았는데

이 코르크나무가 와인병 마개로 화려하게 부활한 거지.

코르크는 젖으면 팽창해 와인병을 밀봉하는 빼어난 효과가 있어서

와인의 장기보존 및 숙성에 결정적인 가능성을 부여했으며

샹파뉴 등 발포성 와인이 발달하는 계기가 되었지.

❖ **와인의 브랜드화**

*blending : 섞음

*오브리옹성

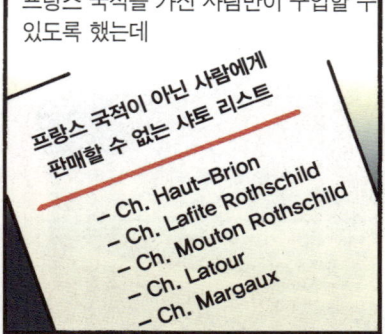

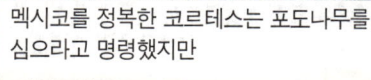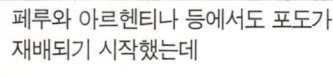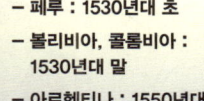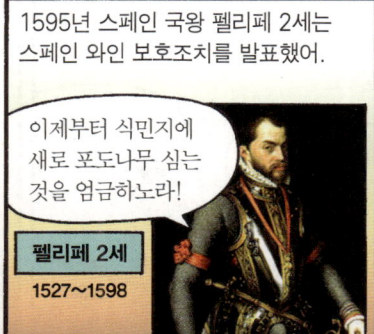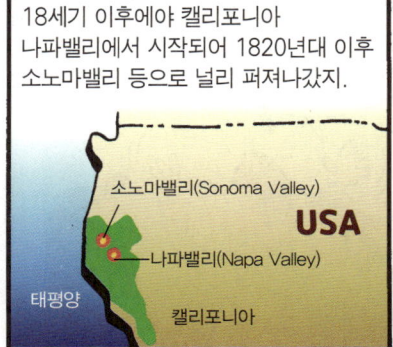

❖ 미국인의 와인애호

*Thomas Jefferson : 미국 제3대 대통령

*Van Riebeek

*아델라이드의 포도밭

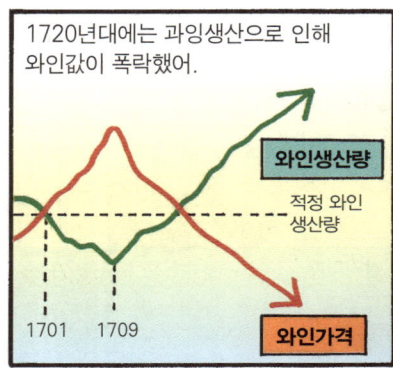

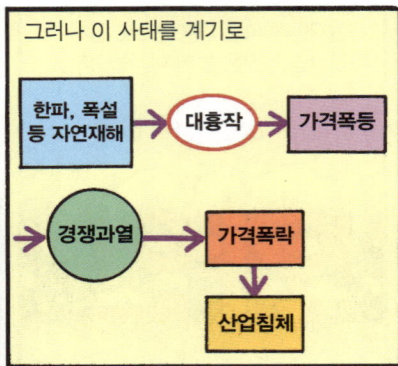

*샤토 오브리옹

*샤토 페트뤼스

*로마네 콩티

❖ 와인의 정의

❖ 와인과 프랑스대혁명

❖ 대륙봉쇄령과 와인시장

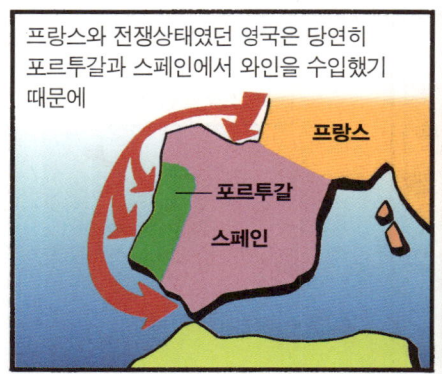
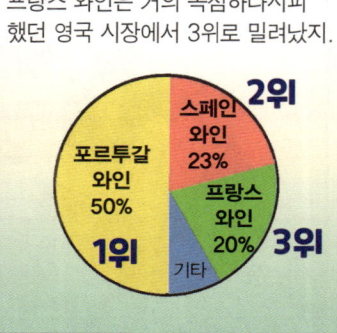

❖ **와인생산의 변화**

19세기 후반으로 접어들면서 더욱 가속화된 산업혁명과 더불어

*1885년에 등장한 최초의 자동차

와인산업도 크게 변했어.

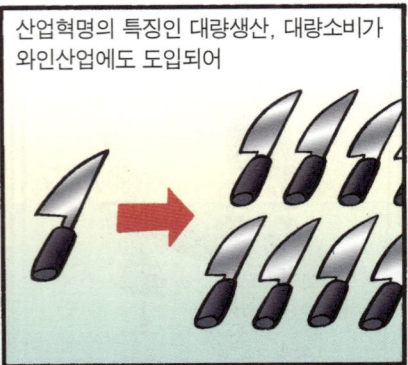
산업혁명의 특징인 대량생산, 대량소비가 와인산업에도 도입되어

인구와 함께 계속 늘어가는 와인소비를 감당할 수 있는 대량생산체제로 돌입했지.

과거 가족단위로 운영되던 작은 포도원 중심의 와인생산체제는

거대한 포도밭단지로 변했고

생산성이 향상되어 생산량이 급증했으며

철도의 발달로 시장이 전국적으로 확대됨으로써

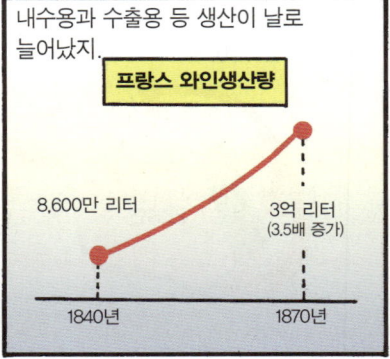
내수용과 수출용 등 생산이 날로 늘어났지.

프랑스 와인생산량
8,600만 리터 (1840년) → 3억 리터 (1870년, 3.5배 증가)

19세기 중반, 프랑스는 세계 와인의 40퍼센트를 생산했는데, 이는 이탈리아의 다섯 배나 되는 양이었어.

프랑스 생산 와인 : 이탈리아 생산 와인 = 5:1

이때 또 하나 주요한 변화가 있었는데, 보르도 지방에서 포도원을 소유한 와인제조공장에

*라투르(Latour)

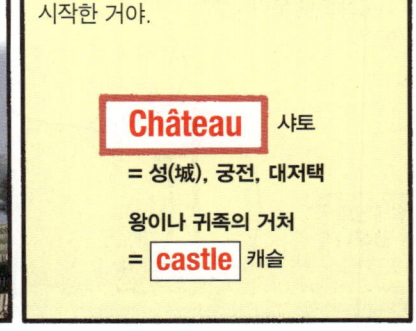
'샤토'라는 귀족적인 이름을 붙이기 시작한 거야.

Château 샤토
= 성(城), 궁전, 대저택

왕이나 귀족의 거처
= castle 캐슬

❖ 샤토

*winery

*Château

*샤토 디켐

❖ 샤토와 신흥 부르주아 귀족

실제로 1836년 샤토 마고를 매입한 라스 마리마스 후작은 파리의 은행가였고

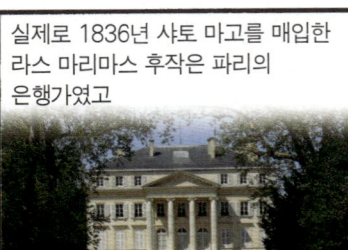

1825년 샤토 오브리옹의 지분 3분의 2를 사들인 것도 증권매매업자와 중개인들이었으며

1853년에 샤토 브랑 무통을 사들여 오늘의 무통 로칠드를 만든 나다니엘 로칠드 남작과

*샤토 무통 로칠드의 주인들

1868년 샤토 라피트를 구입한 제임스 로칠드 남작도 모두 은행가로

James(Jacob) Rothschild
1792~1868
파리의 은행가

프랑크푸르트 출신 유대인 거부 은행가 로칠드 가문의 후손들이야.

로칠드 가문
프랑크푸르트의 은행가

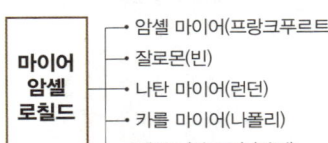

마이어 암셀 로칠드
- 암셀 마이어(프랑크푸르트)
- 잘로몬(빈)
- 나탄 마이어(런던)
- 카를 마이어(나폴리)
- 제임스(야코프)(파리)

부(父) 아들 5형제

은행가라지만 모두 후작, 남작이니 귀족 아닌가요?

대혁명 때 살아남은 귀족들인가?

나폴레옹의 몰락 이후 다시 왕정이 들어서고

*나폴레옹의 뒤를 이은 루이 18세

군주제가 복구되니 자연히 새로운 귀족계급이 나타났는데

군주제 → 1789 대혁명 → 나폴레옹 → 왕정

❌ 구귀족계급 말살   신귀족계급 등장

혁명을 피해 외국으로 도피했다가 돌아온 원래 귀족도 있었지만

왕정이 복구되었다! 되돌아가자! 외국

사회적 지위나 공로로 왕의 인정을 받아 귀족지위를 받은 신흥귀족이 많았지.

그대를 남작에 봉하노라!

이런 신흥귀족 부르주아문화에 걸맞게 와인도 더욱 고급화되었으며

부드럽고 우아한 샴페인이 큰 인기를 끌었어.

❖ 파리 만국박람회

*1855년과 유사했던 1889년의 세계박람회

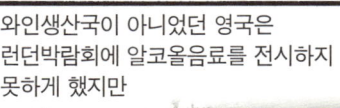

*1851년 세계 최초의 세계박람회가 열린 영국 런던의 수정궁

❖ 그랑 크뤼 클라세

❖ 샤토 오브리옹

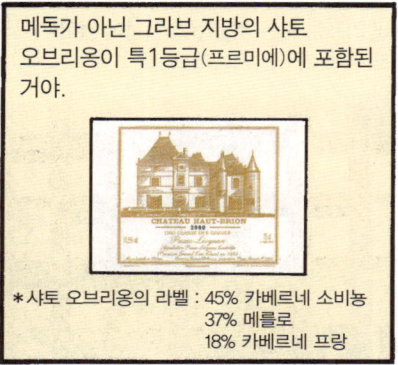

*Baron Philippe de Rothschild, 1902~1988

❖ 샤토 무통 로칠드

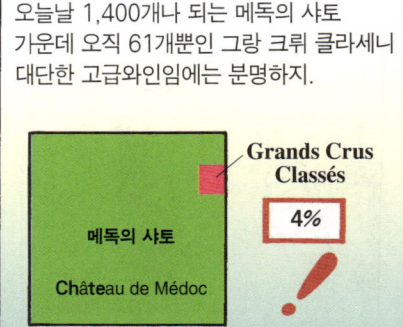

❖ 샤토 랭슈 바주와 샤토 팔메

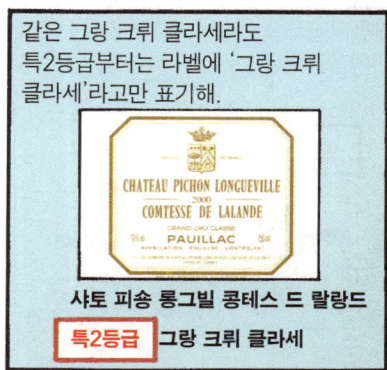

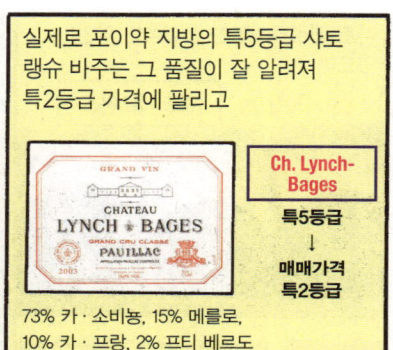

❖ **보르도의 다양한 그랑 크뤼 제도**

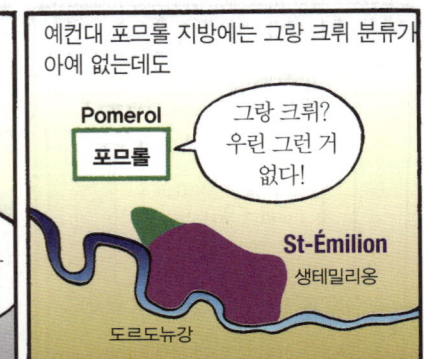

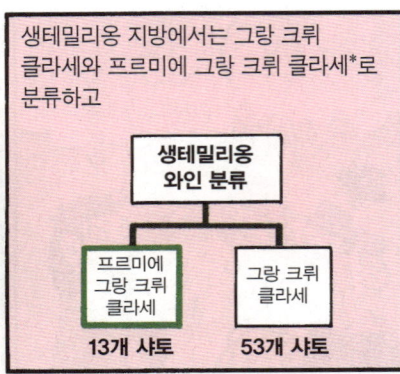
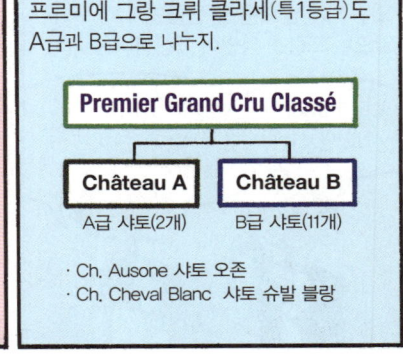
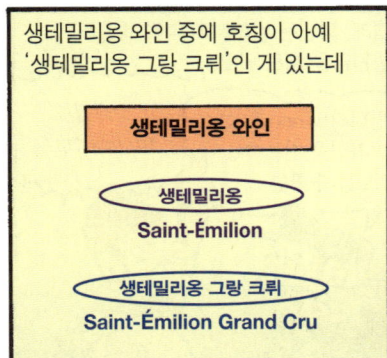

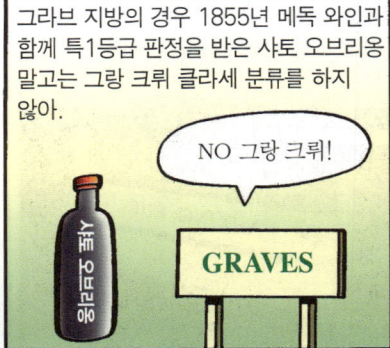
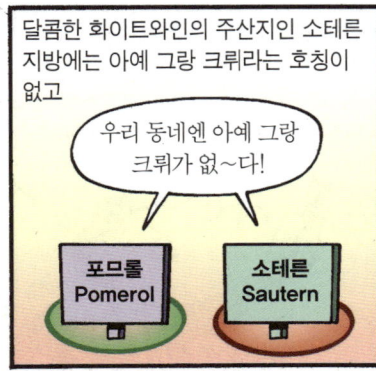
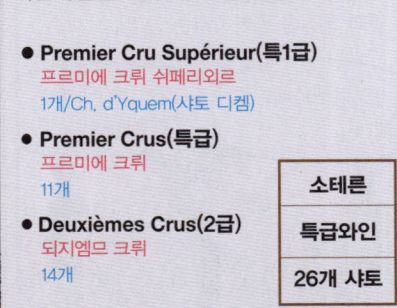

❖ 그랑 크뤼란?

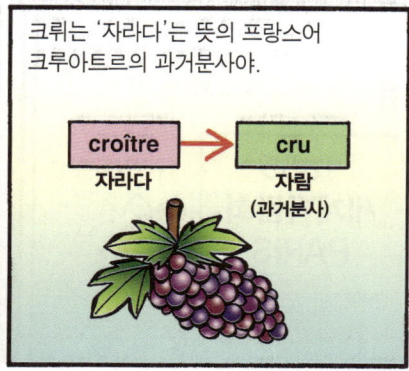

*샤토 라피트 로칠드의 포도원과 저장고 어귀

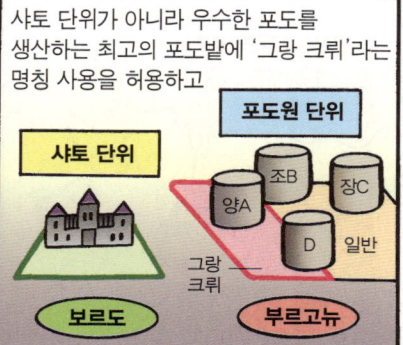
*샤토 뒤크뤼 보카유(생 쥘리앵), 특2등급 샤토

❖ 크뤼 부르주아

*2010년에 부활함

❖ 샹파뉴의 등장과 동 페리뇽

19세기 들어 모든 음식에 잘 어울리는 샹파뉴(샴페인)가 큰 인기를 끌었어.

거품와인인 샹파뉴는 프랑스의 수도사 동 페리뇽이 개발했다고 해.

Dom Pérignon
동 페리뇽
1638~1715

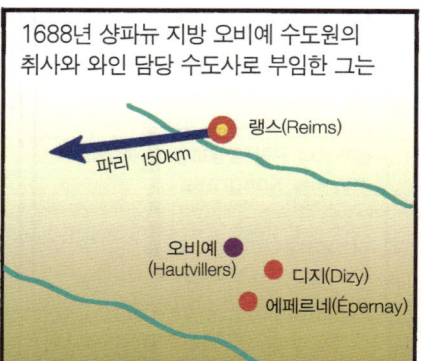
1688년 샹파뉴 지방 오비예 수도원의 취사와 와인 담당 수도사로 부임한 그는

랭스(Reims)
파리 150km
오비예(Hautvillers)
디지(Dizy)
에페르네(Épernay)

앞을 보지 못하는 장애인이었지만 독특한 방식으로 병이 터지지 않으면서도 거품이 살아 있는 와인을 개발해

*손으로 병을 돌려 찌꺼기를 가라앉히는 과정. 지금은 기계로 작업한다.

새콤하고 신선한 맛의 새로운 거품와인을 탄생시켰지.

오… 나는 별을 마시고 있다!*

*페리뇽이 샹파뉴를 처음 마시고 한 말

부드럽고 산뜻한 샹파뉴는 곧 귀족과 왕실로부터 큰 인기를 얻었는데, 오늘날까지도 품위있는 파티에서 빠져서는 안 되는 존재로 사랑받고 있어.

*샴페인과 파티. 19세기 초 석판화

샹파뉴 지방의 수도 랭스는 18세기까지 프랑스 왕이 즉위식을 올리던 곳이어서, 그곳에서 생산되었다는 사실 자체가 귀족적인 이미지를 풍겼지.

샹파뉴는 한 여인의 공로에 힘입어 세계적인 음료로 널리 알려졌어.

*뵈브 클리코(Veuve Clicquot)

뵈브 클리코, 즉 '과부 클리코'로 불리던 미망인 바르브-니콜 클리코-퐁사르댕은

Veuve Barbe-Nicole Clicquot-Ponsardin 1777~1866

와인가문인 클리코 집안에 시집왔으나 27세에 남편이 죽고 말았어.

이 가문을 살릴 사람은 나밖에 없구나!

François Clicquot 1805

그녀는 가업에 뛰어들어 뛰어난 사업수완을 발휘했어.

*현재 뵈브 클리코 사의 샴페인 저장고와 안내소

❖ 클리코 부인

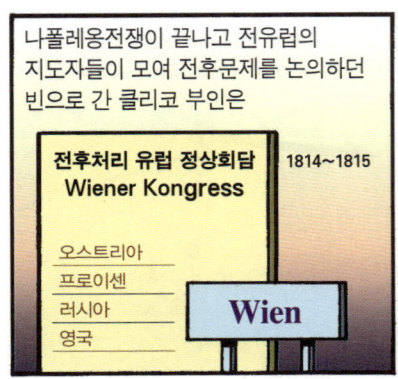

❖ 미국과 이탈리아의 와인

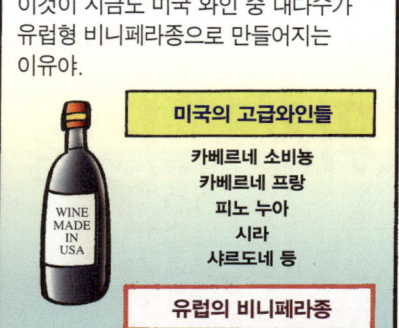

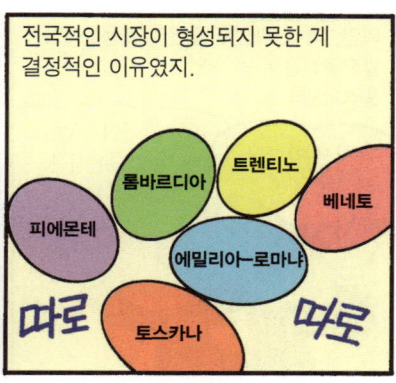

*통일 이탈리아 초대국왕 비토리오 에마누엘레 2세의 기념탑. 로마, 1885~1911년 건축

❖ 19세기 와인산업의 시련

19세기 들어 와인산업은 두 가지 큰 시련에 부딪히게 돼.

점차 거세지는 음주반대운동과 전유럽의 포도밭을 초토화시킨 병충해.

1820년대, 와인을 비롯한 발효주에도 알코올성분이 들어 있음이 밝혀지면서
예수님의 피에 알코올이 들어 있다고?
뭐?

와인에 너그러웠던 사회분위기가 크게 달라지기 시작했지.
그러면 그렇지!

그때까지만 해도 알코올이란 위스키, 진, 브랜디 등의 증류주에만 있는 줄 알았는데

와인, 맥주, 과실주 같은 발효음료에도 알코올성분이 들어 있다는 사실은 큰 충격이었어.
마셔서 알딸딸해지는 것은
종류를 가리지 않고 모두 알코올성분 때문입니다!

그러면 위스키 마셔도 취하고 와인 마셔도 취하는데
위스키엔 알코올이 있고 와인엔 없는 줄 알았단 말인가?

다른 불순물을 섞지 않은 순수 발효주의 경우, 뭔가 자연적인 요소가 인간을 기분좋게 취하도록 만드는 줄 알았던 거지.

증류주처럼 갑자기 취하는 건 알코올성분 때문이고 말이야.

말도 안 돼! 어떻게 그런 생각을?
그래서 과학의 발달이 중요하다고 하는 거야!

와인도 단지 술에 지나지 않는다는 사실은 당시 혼란스러운 사회분위기 속에서 큰 의식의 변화를 불러왔어.
너도 역시 알코올!

❖ 금주운동

19세기에는 산업의 발달과 함께 사회도 크게 변화했어.
*1851년 런던 세계박람회가 열린 수정궁

농촌사회가 공업사회로 바뀌어 도시가 팽창하고
*점점 팽창하는 공장지대

노동자계급이 급증하면서 노동조합이 결성되고 사회주의운동이 격화되어

자본가와 노동계급의 투쟁으로 사회는 큰 혼란에 빠졌지.

빈민층이 늘어남에 따라 빈민굴이 생겨났고
*1850년대 런던의 빈민들

범죄가 날로 증가하는 한편 노동조건도 극도로 열악해
*19세기 땅굴에서 노동하는 어린이

자살, 도박, 매춘, 가정파괴 등

기존의 정치, 종교, 사회 질서가 마구 무너져내리기 시작했지.

사람들은 이런 혼란의 원인이 바로 술이라고 믿었어.
"술이 원흉이다!"
"온전한 정신을 마취시켜 악으로 이끄는 술!"

1849년에는 알코올중독이 병으로 규정돼 사회적 충격을 주었고
"병!"

이는 점차 사회적인 금주운동으로 이어졌어.

바야흐로 알코올은 탄생 이래 처음으로 적대세력을 맞이하게 된 거야.
"알코올을 추방하자!"
"이런 일은 처음일세!"

❖ **금주운동의 확산**

❖ **미국의 금주법**

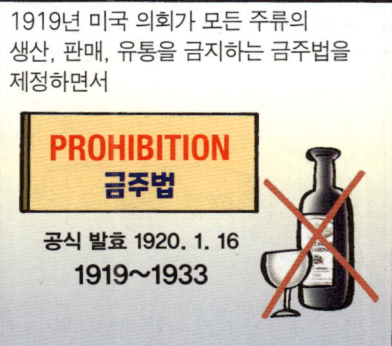

❖ 포도뿌리혹벌레, 필록세라

포도뿌리혹벌레인 필록세라*

- 종류 : 곤충류(Insecta)
- 분류 : 매미무리(Hemiptera)
- 세분류 : 식물기생충(Sternorrhyncha)
- 부류 : 미세기생충(Phylloxeridae)
- 학명 : Viteus vitifoliae

*Phylloxera

*금주법 발효 후 알코올음료를 파기하는 미국인들

미국의 와인산업이 금주법으로 치명타를 맞았다면

유럽의 와인산업을 초토화시킨 것은 포도의 병충해였어.

'포도나무 페스트'라고 불린 엄청난 병충해의 원흉인 이 해충은

원래 1840년대 미국에서 건너온 것으로

미국에서 재배되던 포도 품종을 연구차 유럽으로 수입해올 때 함께 따라온 반갑지 않은 손님이었지.

이 해충은 포도나무 뿌리에 기생하면서 뿌리의 수분을 빨아먹어

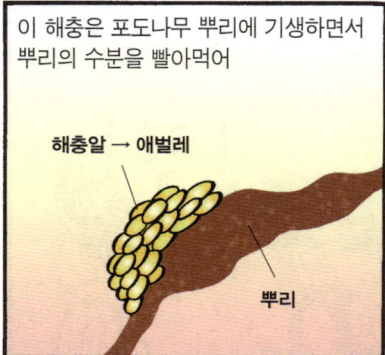

수분을 빼앗긴 포도나무는 점점 메말라가고 열매를 제대로 맺지 못하다가

*열매를 맺지 못하거나 맺어도 곧 썩는 포도

몇 년 뒤 말라죽고 말지.

다 말라죽네!

아메리카 인디오들이 유럽에서 건너온 병균 때문에 절반 이상 몰살당한 것처럼

아메리카에서 건너온 해충으로 인해 유럽의 포도밭 절반 이상이 초토화된

자연의 대재앙이자 징벌이라고나 할까?

아메리카의 복수?

92

❖ 필록세라의 재앙

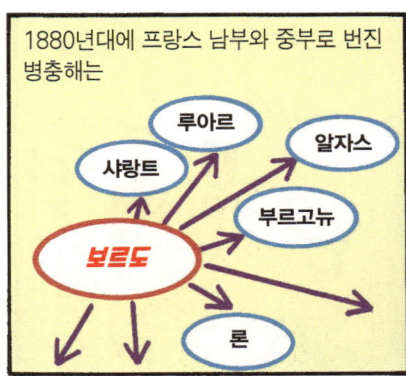

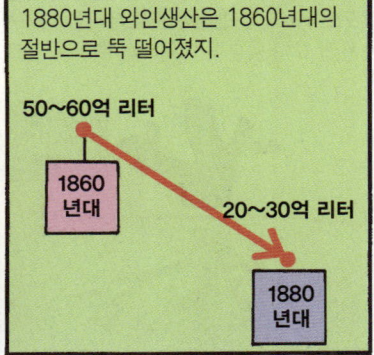

❖ 미국 품종의 뿌리와 접붙이기

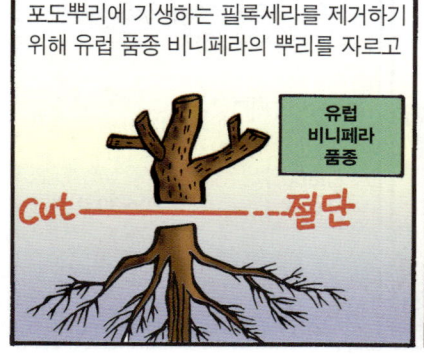
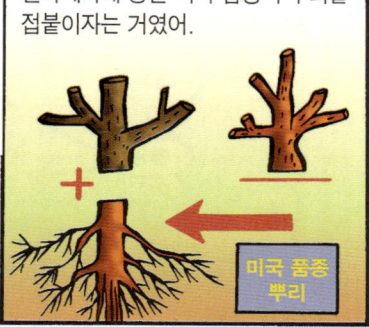

❖ 세계적인 필록세라 피해

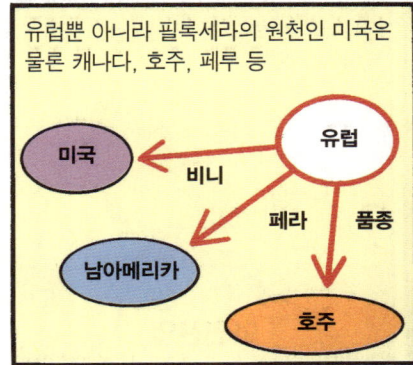

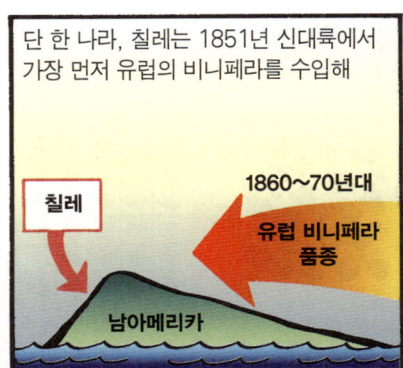

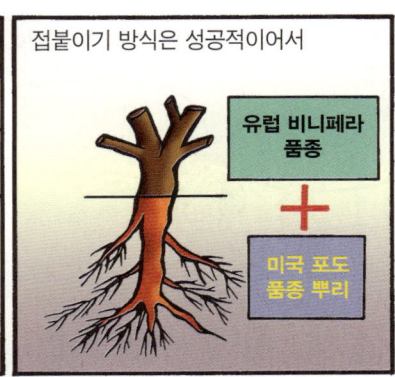

*Terroir

❖ 19세기 말, 와인의 사중고

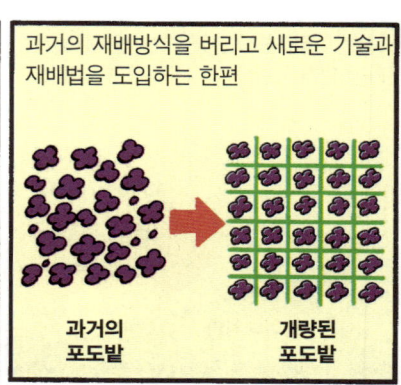
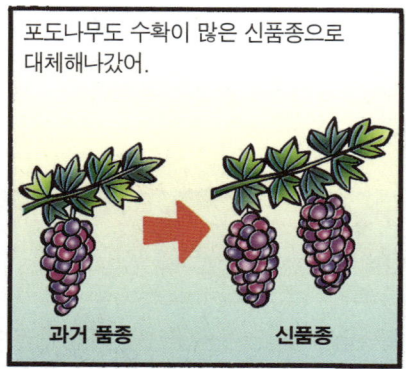
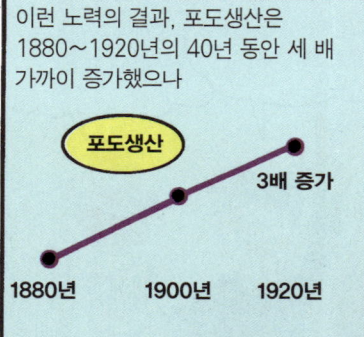

❖ AOC

1907년부터 가짜, 변조 와인에 격분한 재배업자들의 폭동이 이어졌어. 중개상인들의 가격조작도 분노의 대상이었지.

*1911년 샹파뉴 포도재배자들이 가격조작에 분노해 샹파뉴통을 부수는 장면

더 이상 방관할 수 없었던 정부는 드디어 품질관리 규정을 법으로 정할 필요를 느꼈지.

"와인이란 신선한 포도, 포도즙으로 만든 것이다. _1907년"

와인 포도, 포도즙 원료

와인의 법적 정의
포도, 포도즙 외의 재료로 만든 알코올음료는 재료명을 밝혀야 한다.
예 : 딸기와인

그래서 샹파뉴, 보르도, 부르고뉴 등 와인의 명산지 이름을 함부로 쓸 수 없도록 AOC제도, 즉 '원산지호칭제한'제도의 근거를 마련한 거야.

AOC
Appellation 호칭
d'Origine 원산지
Contrôlée 제한

원산지호칭제한제도

"원산지호칭 제한제도?" "AOC?" "많이 들어는 봤는데?"

예컨대 보르도가 와인으로 유명하니까 이런 일이 있을 수 있겠지.

"보르도 지명을 붙이면" "잘 팔리고 가격도 잘 받을 수 있으니…"

다른 곳에서 싼 포도를 사다 와인을 만들어 보르도 와인이라고 표기해 내다파는 일 말이야.

다른 지방 싸구려 저질 포도 / 보르도 와인

이런 짓을 못하도록 엄격하게 제한해서

"그거 안 되거든!"
법 / 쾅

'보르도 와인'이라는 명칭은 보르도 지방에서 생산된 포도로 만든 와인에만 사용할 수 있게 한 거지.

Appellation Bordeaux Contrôlée
아펠라시옹 보르도 콩트롤레

= 보르도 호칭 제한

'보르도 와인'이라는 명칭은 보르도 이외의 지방에서 생산된 포도로 만든 와인에 사용하면 안 된다는 뜻

또 이런 명칭을 쓸 수 있는 지역을 법으로 정하기로 한 AOC는 일종의 품질보증이라고 할 수 있지.

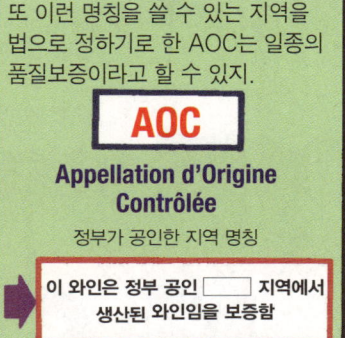

AOC
Appellation d'Origine Contrôlée
정부가 공인한 지역 명칭

➡ 이 와인은 정부 공인 □ 지역에서 생산된 와인임을 보증함

❖ 군대와 와인

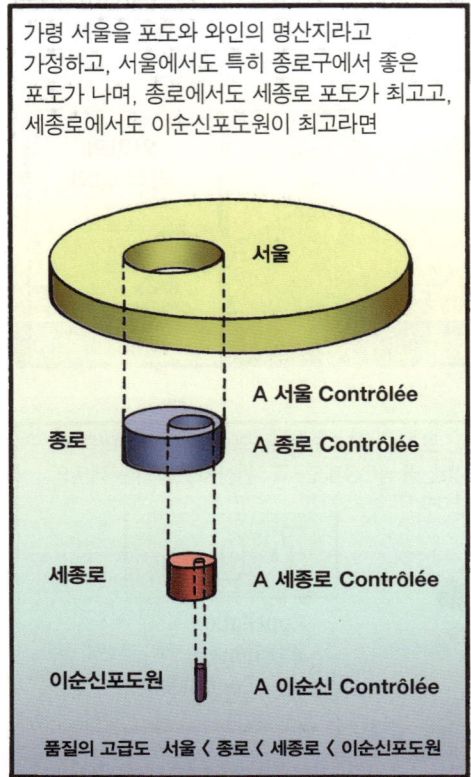

❖ 세계대전과 와인산업의 시련

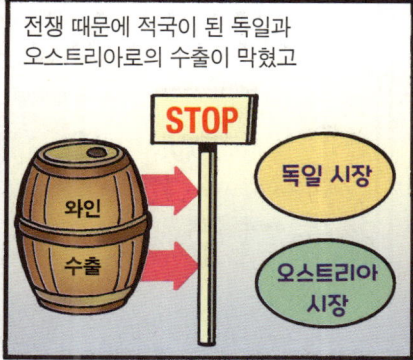

❖ **소생하는 와인업계**

❖ 와인소비의 감소

와인업계가 직면한 가장 큰 문제는 서서히 줄어드는 소비였지.

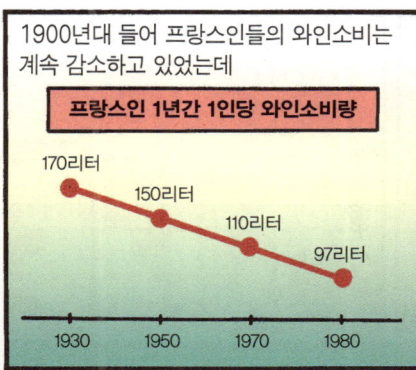
1900년대 들어 프랑스인들의 와인소비는 계속 감소하고 있었는데

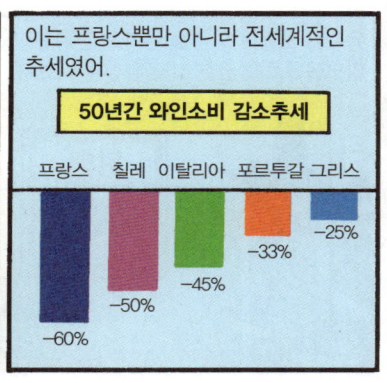
이는 프랑스뿐만 아니라 전세계적인 추세였어.

유럽에서 와인소비가 줄어든 이유는 무엇이었을까?

가장 큰 이유는 와인이 식품에서 기호품 개념으로 바뀐 거지.

과거에 우리가 김치 없으면 밥을 못 먹고, 밥상엔 반드시 국이 있어야 했듯

빈부를 막론하고 모든 식탁에는 고급이든 싸구려든 반드시 와인이 있어야 했는데

와인이 알코올성분이 함유된 기호음료라는 인식이 널리 퍼지면서

그 자리를 물이나 주스, 맥주 등이 대신하게 된 거야.

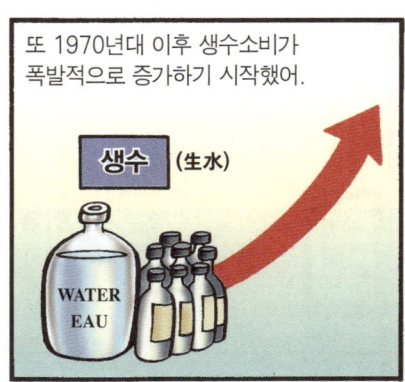
또 1970년대 이후 생수소비가 폭발적으로 증가하기 시작했어.

사람들은 점차 건강과 위생을 생각해

알코올음료 대신 생수를 마시게 되었지.

❖ 와인소비 감소의 원인

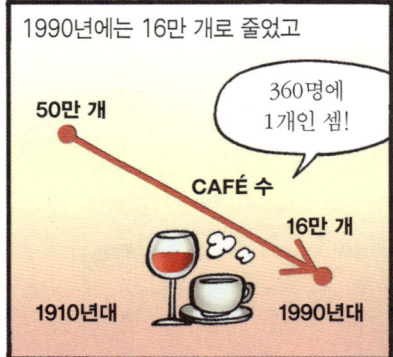

❖ 와인소비의 대중화

❖ 신대륙 와인의 도전

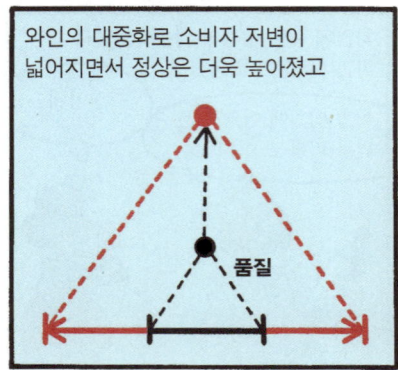

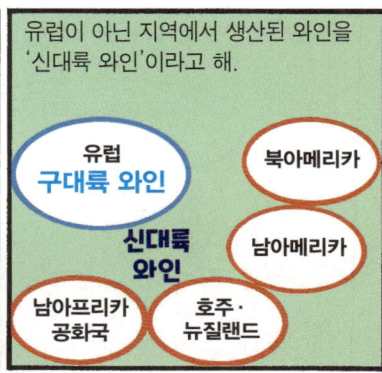

❖ 미국 와인의 약진

*blind tasting   **dégustation à l'aveugle

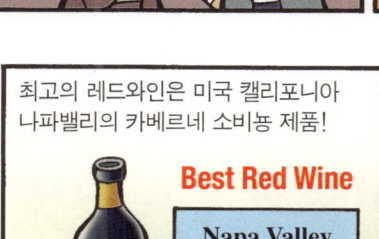

❖ 신대륙 와인의 전략

❖ 필리프 로칠드 남작

이런 시대흐름을 선도한 사람이 바로 샤토 무통 로칠드의 경영자 필리프 로칠드 남작이야.

그는 경영을 혁신하고 1924년부터 라벨에 '샤토에서 병입'했다는 표시를 해서

Mis en bouteille au Château

미 정 부테이 오 샤토

"이 와인은 샤토에서 병에 담은 것입니다."

오늘날 프랑스 와인 라벨의 표준화를 이끌었어.

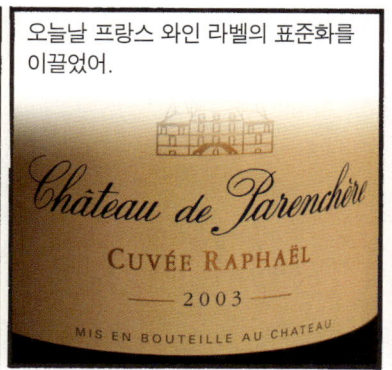

1945년부터는 샤토 무통 로칠드의 와인병 라벨에 거장 미술가들의 그림을 넣어

*무통 로칠드

와인산업과 예술을 접목시키기도 했지.

*1999년도 라벨. 사비냑(Savignac) 작

1976년 쇼크 이후 블라인드 테이스팅에서 레드·화이트 모두 캘리포니아 와인 선정!

1979년 캘리포니아 나파밸리의 유명 와인제조자 로버트 몬다비와 손잡고

Robert Mondavi 1913~2008

전설적인 와인 오퍼스 원을 탄생시켰는가 하면

OPUS ONE

카베르네 소비뇽
카베르네 프랑
메를로

*두 사람의 초상화를 넣은 오퍼스 원의 라벨

칠레의 와이너리인 에라주리즈와 협력

필리프 로칠드 　 ERRÁZURIZ

'에스쿠도 로호(붉은 방패)'라는 와인을 생산했는데

에스쿠도 로호는 로칠드의 스페인어야.

Roth schild
붉은(red) 　 방패(shield)

Escudo Rojo
방패 　 붉은

칠레 와인 '붉은 방패'는 우리나라 사람들도 즐겨 마시죠.

❖ **와인기업의 변화**

*세계 최고의 스위트와인으로 불리는 샤토 디켐

❖ 와인은 프랑스의 자존심

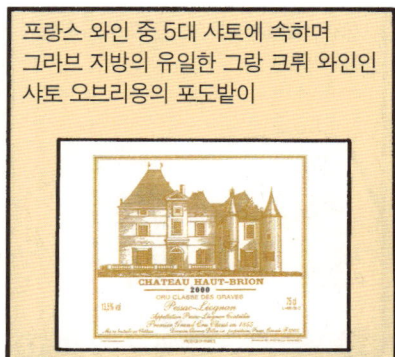

❖ 와인의 역사는 프랑스 와인의 역사

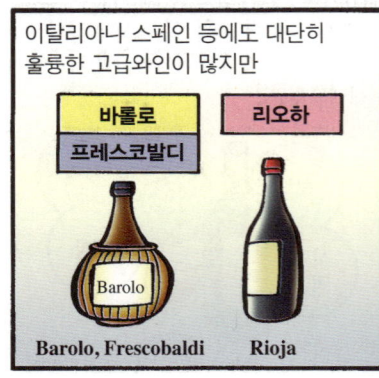

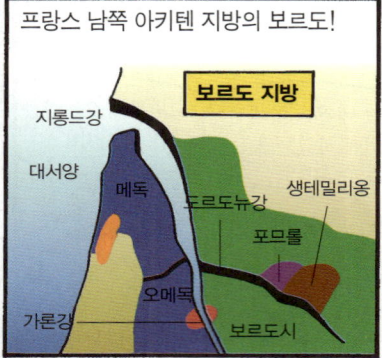

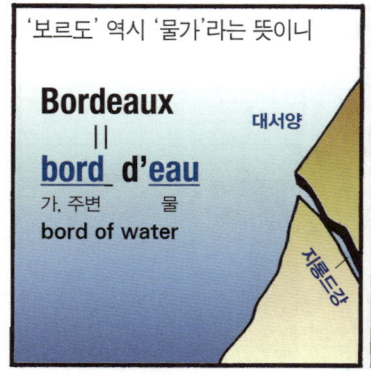

와인은 어떤 포도로 어떻게 만들어지나?

포도 품종과 와인양조법

❖ 포도 품종

❖ 스타 포도 품종

와인세계를 지배하는 8대 스타 품종을 소개합니다!

카베르네 소비뇽(R)*
Cabernet Sauvignon

다른 이름
Bordeaux, Bidure,
Bordes tinto(스페인),
Lafite(러시아),
Sauvignon Rouge

원산지 : 미상, 남부 프랑스로 추정

*(R)=Red, 레드와인 품종

전세계 약 15만 헥타르*에서 재배되고 있답니다!

재배지역
프랑스 보르도,
미국 캘리포니아,
불가리아, 루마니아,
이탈리아, 스페인,
신대륙(칠레, 호주,
남아공, 뉴질랜드 등)

*1헥타르(ha)=100m×100m

'세계 포도 품종의 왕자'라고 할 수 있는 대표적인 고급품종이며, 포도의 대명사로 통하는 스타 중의 스타 품종!

누가 나를 대적할 것인가?

전세계에서 고루 재배되고 있으며, 프랑스 와인과 경쟁하려는 신대륙 국가들이 가장 선호하는 비티스 비니페라종으로

카베르네 소비뇽
유럽 아메리카 호주

서늘하거나 덥거나 심지어 뜨거운 기후에서도 잘 자라며, 여러 가지 토질에도 적응력이 좋고

병충해에도 강해 와인제조업자들의 사랑을 받고 있지.

아주 싸고 대중적인 와인부터 세계 최고급 그랑 크뤼 클라세까지 다양한 품질의 와인을 만들 수 있지.

타닌이 풍부해 '젊은' 와인은 떫고 무거운 맛이 나기도 하지만

타닌
Tannin

포도 껍질과 씨에 함유된 물질로 해충을 방지하는 기능을 함

장기숙성용 품종으로는 매우 이상적이고, 환상적인 최고급와인을 생산해내지.

*지하에서 숙성중인 와인

완벽한 정장 스타일의 와인

미국의 와인평론가이자 작가인 레슬리 스브로코의 비유*에 따르면, 카베르네 소비뇽은 '우아하고 단정한 정장 스타일의 와인'이다.

*Leslie Sbrocco, 앞으로의 비유도 이에 따름. "와인을 여성의 옷에 비유한다면…."

*flat

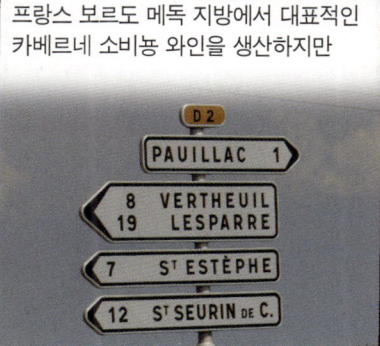

*메독 지방

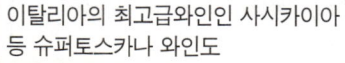

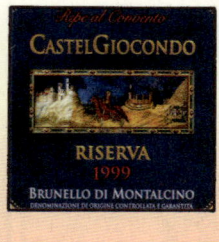

*Almaviva

메를로(R)

Merlot

다른 이름
Merlot noir, Petit merle, Crabutet, Béney, Médoc noir, Plant Médoc, Sémillon rouge

원산지 : 프랑스 보르도

재배지역
프랑스 보르도
(특히 생테밀리옹,
포므롤, 메독 지방),
이탈리아, 스위스,
미국(캘리포니아,
워싱턴주) 등 신대륙

세계적으로 메를로를 재배하는 포도원은 20만 헥타르에 이른답니다!

부드럽기 그지없는 메를로가 좋아!

메를로라는 이름은 '지빠귀'를 뜻하는 프랑스어(Merle)에서 유래되었대.

유난히 달콤하고 과즙이 많은 이 포도를 종달새들이 즐겨 먹었다고 해서 이런 이름이 붙은 거지.

* 지빠귀 분포지역

메를로로 만든 와인은 부드럽고 향이 풍부하며

향기로운 과일향!

음, 이 부드러운 맛!

무겁지도 않거니와 산도도 낮아서 편안하게 마시기에 좋아.

메를로 한 잔 주세요.

예스, 마담!

워낙 부드럽고 우아해서 마치 포근한 캐시미어 스웨터 같은 와인이라고 하지.

캐시미어 스웨터 같은 와인*

* 레슬리 스브로코

보르도의 생테밀리옹과 포므롤 지방에서 메를로로 만든 최고의 와인을 생산하는데

지롱드강, 도르도뉴강, 가론강, 포므롤, 생테밀리옹

포므롤의 샤토 페트뤼스는 보르도에서도 가장 전설적인 와인으로 메를로를 95퍼센트 사용하지.

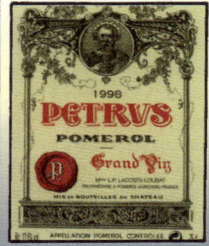

샤토 페트뤼스
Château Petrus

11.4헥타르

메를로 95%
+
카베르네 프랑 5%

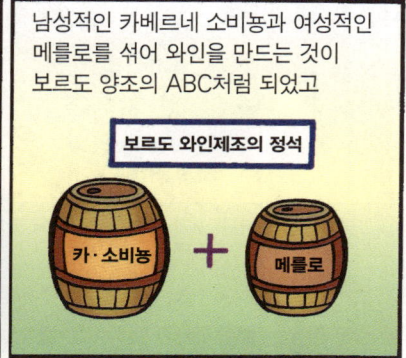

*참나무통에서 숙성중인 와인

피노 누아(R)
Pinot Noir

다른 이름
Spätburgunder, Pinot Nero,
Pignola(이탈리아),
Pinot Tinto(스페인),
Blauburgunder

원산지 : 프랑스 부르고뉴

아주 재배하기 까다로운 품종이래요.

재배지역
프랑스 부르고뉴와 샹파뉴, 독일, 오스트리아, 북부 이탈리아, 미국 오리건주와 뉴질랜드 등 신대륙

기후에 대단히 민감한 품종으로, 비교적 서늘한 지역에서 재배되는 '귀족'인데

귀족은 아무 데서나 살지 않는다!

껍질이 얇아 쉽게 터지고, 다루기도 어려운 '공주' 같은 품종이야.

맛과 향기도 공주님 같아서

부드럽고 우아하며 화사한 맛과 향기는 그 어떤 와인도 흉내낼 수 없는 고급스러움 그 자체라고 할 수 있지.

＊코트 샬로네즈(부르고뉴)의 메리퀴리 마을

피노 누아는 우아하고 고전적이며 글래머풍의 붉은 실크드레스라고나 할까?

고전적인 실크드레스 같은 와인*

＊레슬리 스브로코

아마도 고대 로마시대 때 야생포도 가운데 이 품종을 선별해 재배하기 시작한 것으로 보이는데

부르고뉴 지방은 이 품종만을 재배한다는 점에서 여러 가지 품종을 재배하는 보르도와 구별되지.

다른 품종은 못 마시겠다. 다 뽑아 버리고 피노 누아만 심어라!

시라 / 시라즈(R)

Syrah(프랑스) / Shiraz(신대륙)

다른 이름
Schiras, Sirac,
Balsamina(아르헨티나)

원산지 : 이란(페르시아)

재배지역: 프랑스 론강 유역과 랑그독 지역, 호주, 칠레, 미국, 아르헨티나, 남아프리카공화국, 캐나다

세계적으로 시라 재배지역은 계속 늘어나고 있어요!

21세기 들어 떠오르는 뉴슈퍼스타 시라(시라즈)!

'시라'라는 이름은 기원전 페르시아(지금의 이란)의 도시명에서 유래되었어.

이 품종은 서리와 추위에 강하며

척박한 토양에서도 잘 자라 전세계로 급속하게 번져나갔지.

생명력이 강해

어디서나 뿌리를 잘 내린다!

마치 맵시있고 세련되게 디자인한 붉은 가죽핸드백으로 대표되는 캐주얼한 스타일의 레드와인이야.

맵시있고 세련된 디자인의 붉은 가죽핸드백*

*레슬리 스브로코

검은색에 가까운 잉크빛 자주색의 시라는

묵직한 맛과 향에서 강렬함이 느껴지는 상당히 자극적인 와인이야.

음, 강한 맛을 좋아하는 내 취향이군!

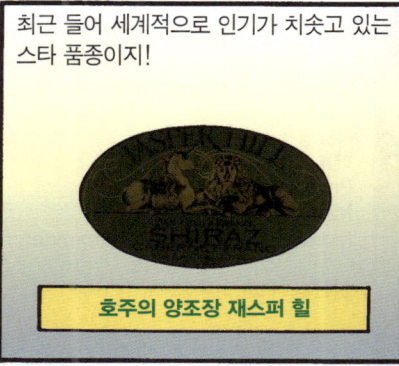

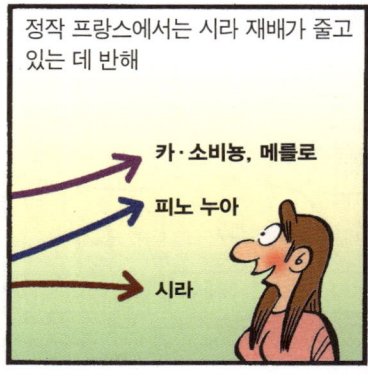

*호주의 시라 재배(헌터밸리)

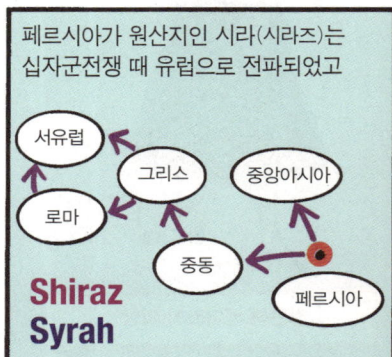
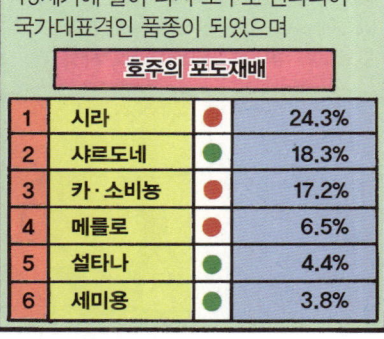

샤르도네(W)*

Chardonnay

다른 이름
Pinot Chardonnay, Auxeras, Melon Blanc, Beaunois, Monillon, Gelber Weissburgunder

원산지 : 프랑스 부르고뉴

*(W)=White, 화이트와인 품종

재배지역
프랑스 부르고뉴와 샹파뉴, 이탈리아, 오스트리아, 미국 캘리포니아, 호주, 뉴질랜드, 헝가리

세계 인기 1위로 선풍적인 세몰이를 하고 있대요.

샤르도네

카베르네 소비뇽이 레드와인의 왕자라면 샤르도네는 화이트와인의 여왕이라고 불러도 손색이 없어.

세계적으로 14만 헥타르의 포도원에서 경작되고 있는 청포도 품종이지.

화이트와인 있는 곳에
절대 빠지지 않는 샤르도네!

유럽 신대륙 아프리카

산도는 비교적 낮으면서도 신선한 과일향이 풍부하고

호두 바닐라 포도 꽃 망고

엷은 노란색에서 꿀빛 노란색에 이르기까지 다양하고 밝은 노란색을 띠며, 해산물과 잘 어울리지.

비교적 높은 알코올 함량, 시큼하면서도 묵직한 맛, 상큼한 향, 달콤한 뒷맛으로 가장 사랑받는 화이트와인이지만

워낙 많은 지역에서 앞다투어 재배하다 보니 가장 흔한 화이트와인이 되고 말았어.

샤르도네 같군!*
= 허접스럽군!

잘못하면 허접한 샤르도네를 만날 수도 있는데, 이는 고귀한 명성을 자랑하는 부르고뉴 화이트와인도 마찬가지지.

어, 부르고뉴가 왜 이래?

진짜 쓰레기 같은 와인이네!

검은색 베이스의 의상*

*1970년대 미국에서 유행한 말

*레슬리 스브로코

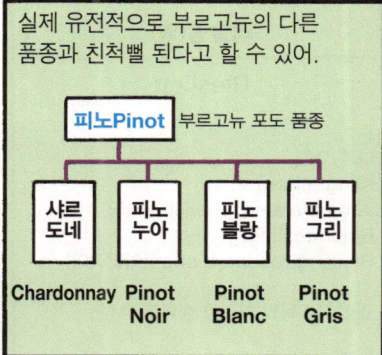
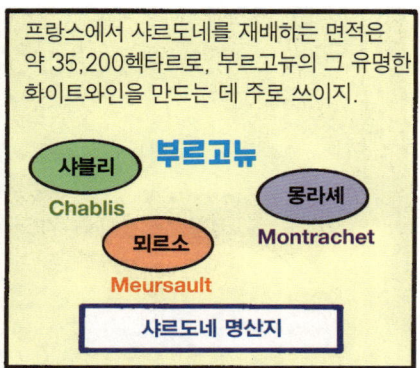

*캘리포니아주 나파밸리

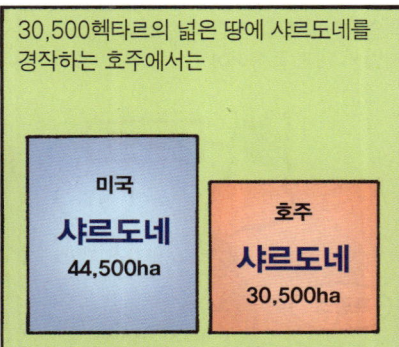

*"샤르도네만 아니면 뭐든지 좋아요!"

리슬링(W)
Riesling

다른 이름
Klingenberger,
Johannesberg Riesling(미국),
Rheinriesling,
Riesling renano bianco(이탈리아)

원산지 : 독일 라인강 상류로 추정

샤르도네와 쌍벽을 이루는 화이트와인의 여왕!

재배지역
독일, 오스트리아, 프랑스, 룩셈부르크, 러시아 등 동유럽, 미국과 캐나다 등 신대륙

서늘한 곳에서 잘 자라는 리슬링 품종은

서늘한 게 좋아!

리슬링

샤르도네

추위에 강해 독일과 동유럽에서 널리 재배되는 화이트와인계 또 하나의 여왕!

샤르도네　리슬링

독일 와인산업에서 가장 중요한 품종으로

* 세계 최초의 리슬링 양조장인 요하네스베르크성

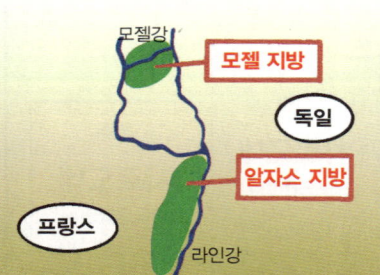

라인강가와 모젤 지방, 프랑스 알자스 지방의 대표 품종이야.

모젤강 — 모젤 지방
독일
알자스 지방
프랑스
라인강

신선한 과일향, 톡 쏘는 듯 신선한 느낌, 상큼한 맛으로 유명한 리슬링 와인은 아시아 요리와도 잘 어울리지.

아주 편안하고 맵시나는 속옷 같은 와인*

* 레슬리 스브로코

마실 때의 우아함이나 혀에 느껴지는 강한 맛은 다른 화이트와인과는 비교도 할 수 없는 매력이 있어, 19세기부터 지금까지 큰 사랑을 받고 있는 스타 중의 스타 와인이야.

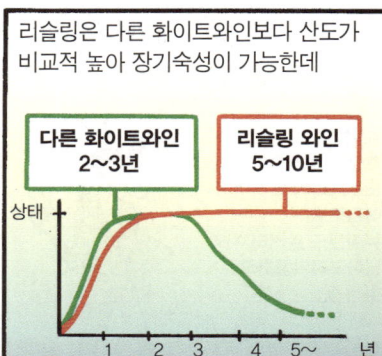

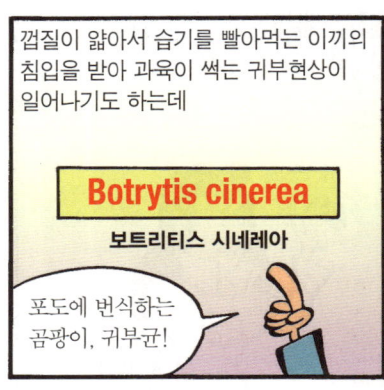
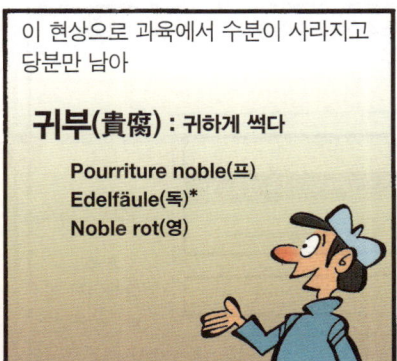

*요하네스베르크성, 1832년경 동판화

*Trier

소비뇽 블랑(W)
Sauvignon Blanc

다른 이름
Fumé Blanc,
Gros Sauvignon,
Muskat-Sauvignon

원산지 : 미상, 프랑스 보르도로 추정

소비뇽 블랑은 화이트와인에서 샤르도네 다음으로 중요한 품종이야.

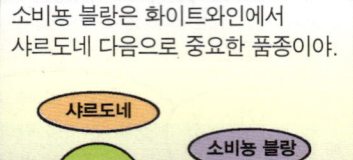

보르도가 고향인 이 품종은 세미용*과 함께 드라이한 화이트와인의 주종을 이루지.

*Sémillon

풀과 과일 냄새 등 향이 상당히 자극적이고 산도가 비교적 높아서

드라이한 맛에 톡 쏘는 듯한 자극을 주지.

생선과 초밥, 특히 아스파라거스와 함께 마시면 아주 잘 어울려.

소비뇽 블랑은 보르도 외에 루아르강가의 상세르와 푸이-퓌메가 유명한데

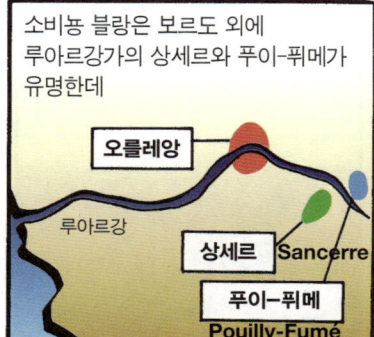

보르도에서는 세미용과 블렌딩하는 게 일반적이야.

빳빳한 흰 블라우스, 갓 세탁한 면셔츠 같은 와인*

*레슬리 스브로코

소비뇽 블랑 와인 가운데 프랑스 상세르에서 만든 것을 토질상 최고로 꼽고

알퐁스 멜 루아르계곡 상세르

소비뇽 블랑으로 만든 화이트와인 중 최고로 친다.

신대륙에서는 미국과 뉴질랜드에서 큰 인기를 끌고 있지.

펄리서 에스테이트/뉴질랜드 마틴버러 소비뇽 블랑

미국에 이 품종이 처음 들어온 것은 1880년대로

"프랑스 루아르의 상세르, 푸이-퓌메에서 직수입!"

크레스타 블랑카 와이너리의 설립자인 찰스 웨스트모어*가 소테른 지방 샤토 디켐의 소비뇽 블랑 포도나무를 들여와 심은 게 시초였어.

"세계 최고의 묘목을 미국에 심어보자!"

*Charles Westmore

이 품종으로 만든 화이트와인은 1970년대 미국의 유명한 와인양조업자 로버트 몬다비가

로버트 몬다비*
1913~2008
1937년 스탠퍼드대 졸업

*Robert Mondavi

프랑스어 별칭인 '퓌메 블랑'*에서 따온 '블랑 퓌메'라는 상표로 출시해 히트를 치면서 일약 유명해졌어.

현재 소비뇽 블랑 와인으로 가장 인기 있는 나라는 뉴질랜드로

화이트와인 보디감 순서

소비뇽 블랑 샤르도네 리슬링 게뷔르츠트라미너

가장 완벽한 조건의 토양을 갖추었다는 클라우디 베이의 말버러 지역은

클라우디베이 뉴질랜드 와인의 상징. 소유주는 뵈브 클리코 샹파뉴 사

소비뇽 블랑 팬들이 열광하는 컬트와인 생산지로 자리를 잡았지.

"뉴질랜드 소비뇽 블랑, 정말 놀랍군!" "세계적으로 붐이라지?"

칠레에서는 카사블랑카 지역의 소비뇽 블랑이 유명하고

카사블랑카 수도 산티아고 마이포밸리 Maipo Valley 태평양

남아프리카공화국산 소비뇽 블랑의 인기가 높아지는 추세야.

구 발레이
소비뇽 블랑
남아프리카공화국

향긋한 과일향과 새콤하게 톡 쏘는 맛이 특징인 소비뇽 블랑은 특히 여름에 차게 마시면 그 독특한 맛을 더 잘 즐길 수 있지.

세미용(W)

Sémillion

다른 이름
Sémillon Muscat, Boal, Chevrier, Colombier, Green Grape, Malaga, St.-Émilion, Semilão

원산지 : 프랑스 보르도 소테른이 거의 확실

재배지역
프랑스 보르도 (특히 소테른, 바르삭, 카디악, 루피악 등), 호주, 칠레, 미국 캘리포니아

전 세계의 세미용 경작지는 64,000 헥타르!

황금색의 세미용 화이트와인은 프랑스 보르도 그라브 지방에서 많이 생산되고

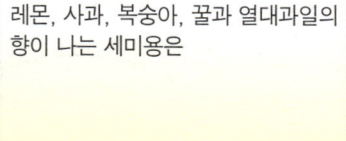

특히 전설적인 샤토 디켐이 자리잡고 있는 소테른에서 집중적으로 재배되고 있어.

*소테른 지방의 포도밭

레몬, 사과, 복숭아, 꿀과 열대과일의 향이 나는 세미용은

레몬　사과　복숭아　꿀

힘차면서도 우아한 맛으로, 소비뇽 블랑과 블렌딩해 고급 드라이 화이트와인을 만들거나

토머스 제퍼슨이 열광했던 세계 최고의 스위트와인을 만드는 원료가 되지.

이런 와인을 마실 수 있다는 것은 축복이다!

보트리티스 시네레아라는 이끼류 곰팡이에 오염되어 물기가 빠지면 고당도의 과육만 남는데

이런 포도송이만 골라 만든 달콤하기 그지없는 와인이 바로 귀부와인이고

리슬링이나 소비뇽 블랑도 가능하죠.

Sweet White Wine (디저트와인)

그 오리지널이 바로 소테른의 세미용 품종이야.

세미용

최고급 스위트와인

*귀부포도

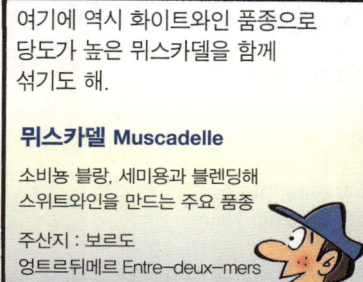

*남아공의 포도밭

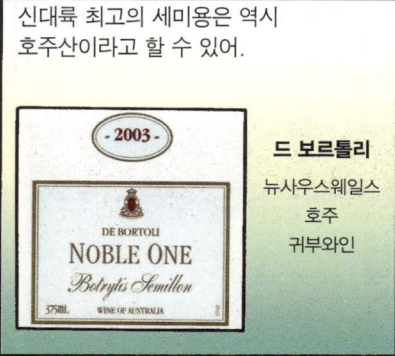

*Hunter River Riesling

카베르네 프랑(R)
Cabernet Franc

다른 이름
Breton(프랑스 루아르 지대), Grosse-Vidure, Bordo, Bouchet, Trouchet Noir

원산지 : 프랑스 보르도(Libournais)

재배지 : 프랑스 보르도와 루아르, 이탈리아 북동부, 신대륙

말벡(R)

Malbec

다른 이름
Auxerrois, Gros Noir,
Pressac, Malbeck(아르헨티나)

원산지 : 프랑스 카오르(Cahors)로 추정

재배지 : 프랑스, 아르헨티나, 칠레, 페루, 미국 캘리포니아, 호주

이름이 400개나 되던 과거의 슈퍼스타지.

거친 듯 풍부한 타닌과 매콤한 듯 강한 맛의 말벡은
야생마 같다고나 할까?

어두운 잉크빛에 가까운 진한 자주색 와인으로 그릴요리, 조림, 버섯요리에 잘 어울리지.

지금은 보르도에서 퇴출되어가고 있지만 1956년까지는 보르도의 슈퍼스타였어.

날씨가 변덕스러운 보르도를 떠나
날 알아주는 곳으로 가자!

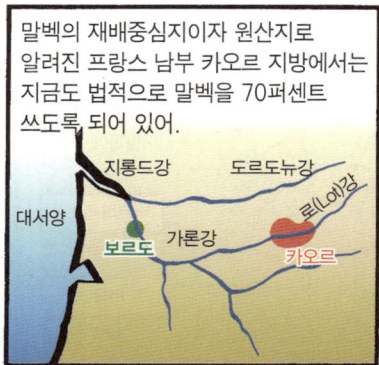

말벡의 재배중심지이자 원산지로 알려진 프랑스 남부 카오르 지방에서는 지금도 법적으로 말벡을 70퍼센트 쓰도록 되어 있어.

추위에 약한 이 품종은 1956년의 대한파 이후 보르도에서 메를로에 밀려났고

아듀! Adieu!
덜덜덜
메를로   말벡

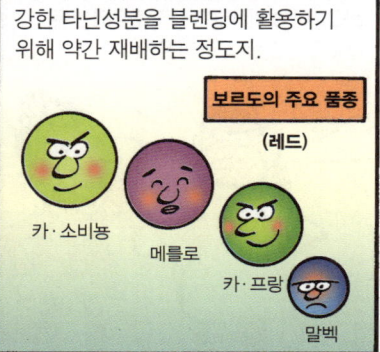

강한 타닌성분을 블렌딩에 활용하기 위해 약간 재배하는 정도지.

보르도의 주요 품종 (레드)
카·소비뇽 메를로 카·프랑 말벡

그러나 말벡은 신대륙, 특히 아르헨티나를 대표하는 인기 품종으로 무려 1만 헥타르에서 경작되고 있으며

멘도사 지역에서 생산되는 말벡은 세계 최고품으로 손꼽히지.

노튼 / 말벡 2003
아르헨티나
멘도사 지역
〈와인스펙테이터〉
평가
85/100점

말벡은 미국과 칠레 등에서도 재배가 늘고 있으며, 힘찬 와인을 즐기는 소비자들의 꾸준한 사랑을 받고 있어.

Good!

산지오베제(R)
Sangiovese

다른 이름
Brunello, Morellino, Nielluccio(코르시카), Prunolo Gentile

원산지 : 이탈리아 토스카나로 추정

재배지 : 이탈리아, 미국, 캐나다, 아르헨티나

제우스(Giove)의 피(San)'라는 뜻의 이탈리아 대표 품종이랍니다!

밝고 강렬한 루비색 와인을 만드는 산지오베제는 네비올로와 함께 이탈리아를 대표하는 2대 품종이야.

시큼하고 드라이한 맛에서 복잡하고 우아한 맛까지 다양한 맛을 내는 산지오베제는 산지오베제 품종의 대표 와인격인 **키안티 와인**

병의 옛 모습이죠!

변종이 열다섯 가지나 될 정도로 지역마다 색다른 산지오베제 와인이 생산되고 있지.

SANGIOVESE — 제우스의 피! — 토스카나, 에밀리아 로마냐, 움브리아, 등등

산지오베제 와인은 크게 두 가지로 나눌 수 있어.

단순하고 가벼운 북부의 '산지오베제 피콜로'와

*북부 이탈리아의 마을

고급스럽고 우아한 토스카나의 '산지오베제 그로소'!

Sangiovese Grosso

세련된 디자인의 이탈리아 하이힐*
*레슬리 스브로코

특히 피렌체와 시에나 사이에 있는 키안티 지역의 키안티 클라시코 마을이 산지오베제의 명산지로 알려져 있지.

키안티 지역 / 키안티 클라시코 / 피렌체 / 시에나 / 지중해

1970년대 이후 토스카나에도 프랑스 고급 품종과 블렌딩하는 붐이 불어

본 조르노! / 봉주르, 산지오베제!

카·소비뇽, 메를로와 산지오베제를 블렌딩한 '슈퍼토스카나'가 인기를 끌고 있지.

솔라이아
안티노리 사

대표적인 최고급 슈퍼토스카나

산지오베제 20%, 카·소비뇽 75%, 카·프랑 5%

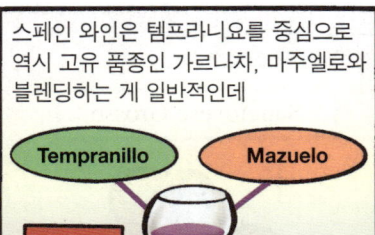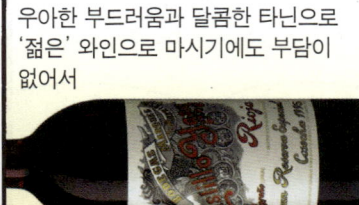

진판델(R)
Zinfandel

다른 이름
Primitivo, Primaticcio, Plavac Mali

원산지 : 미상

재배지 : 이탈리아, 미국 캘리포니아

미국에서 가장 많이 재배되는 품종이랍니다!

US ♥ Zinfandel

달콤하고 부드러운 맛에서 근육이 느껴질 정도로 힘찬 맛까지 다양한 맛을 자랑하는 진판델은

1825년 / 조지 기브스** / 빈(Wien)* / 진판델 / USA

포도알이 익는 속도가 한 송이에서도 제각각이라 수확이 어렵다는 문제점이 있지만

당도가 높아 알코올 함량도 높은 (13.5~16%) 힘찬 와인을 만드는 원료로 특히 미국인의 사랑을 받고 있어.

검은색 가죽바지*

*오스트리아의 도시
**George Gibbs : 포도 품종 연구가

*레슬리 스브로코

1990년 13,200헥타르였던 미국의 진판델 경작지는 1998년 2만 헥타르를 넘어섰는데, 이는 캘리포니아 포도원 면적의 11퍼센트나 돼.

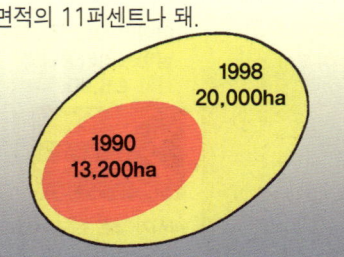

1998 20,000ha / 1990 13,200ha

또 미국 내에서는 카베르네 소비뇽을 추월한 1위 품종이지.

미국에선 내가 지존이야!

강하면서도 크림같이 부드럽고, 그릴요리나 느끼한 음식에 잘 어울려.

셰러 와이너리
알렉산더밸리
캘리포니아, 미국

주품종 : 진판델
기타 : 카·소비뇽

특히 껍질을 제거하고 만든 '화이트 진판델'은 연한 핑크색임에도

~~Rosé~~
White Zinfandel

Rosé
= Blush Zinfandel

미국인들의 사랑을 받는 대표적인 화이트와인으로

Liquor Store

더운 여름날 시원하게 해서 마시는 '섬머 와인'으로 인기를 끌고 있어.

더운 여름, 야외에서 마시는 찬 진판델! 정말 죽여준다!

슈냉 블랑(W)

Chenin Blanc

다른 이름
Pineau de la Loire,
Pineau d'Anjou,
Franc-Blanc, Steen(남아공)

원산지 : 프랑스 앙주(루아르 지역)

재배지 : 프랑스 루아르, 남아공,
미국 캘리포니아,
아르헨티나 일부

*Pourriture noble

*슈냉 블랑 100퍼센트로 만든 프랑스 루아르 와인

마시기 좋은 온도 : 9도

136

게뷔르츠트라미너(W)
Gewürztraminer

다른 이름
Traminer, Roter Traminer,
Traminer Rosso, Traminer aromatico,
Ranfoliza, Roz

원산지 : 이탈리아 남티롤 또는 고대 그리스

재배지 : 독일, 프랑스 알자스, 오스트리아, 이탈리아, 헝가리, 호주, 미국, 스페인

이탈리아 티롤 지역 트라민*에서 이름이 유래했다는 설이 있대요.

*Tramin

독일어 'Gewürz'는 '양념'이라는 뜻으로, 이 품종은 말 그대로 알싸한 풍미가 있어.

würzig(뷔르치히) = 매콤한, 쌉쌀한

주로 독일과 프랑스의 알자스 지역에서 재배하지.

알자스 전체 포도원의 20퍼센트가 게뷔르츠트라미너!

룩셈부르크 / 프랑스 / 알자스 / 스트라스부르 / 독일

하루 중 상당히 오랫동안 햇빛을 받아야 하는 품종으로, 지역마다 수확시기가 다른데

북쪽 : 10~11월
남쪽 : 9~10월

일찍 수확한 포도로 만든 와인은 신비롭게 향긋한 반면

Frühlese 일찍 수확

밝은 노란색
좋은 품종에서는 장미와 리치 향이 남

늦게 수확한 것은 맛과 향이 강렬해서 전혀 다른 느낌을 주지.

Spätlese 늦게 수확

황금색
힘차고 남성적인 맛과 향
알코올 함량 13% 이상

산도는 낮고 알코올 함량은 높아서 묵직한 느낌에 자극적으로 느껴지기도 해.

쿵 쿵 쿵

장미, 신선한 포도, 계피 향이 나며

최근 인기가 높아지고 있는 뉴질랜드 와인
게뷔르츠트라미너

맛이 강한 만큼 훈제생선, 거위고기, 진한 치즈 등과 잘 어울리지.

드라이한 것부터 스위트와인까지 다양한 맛의 이 품종 와인은 아름다운 빛과 오묘한 향으로 사랑받고 있어.

장기숙성이 가능한 화이트와인!

피노 그리(W)
Pinot Gris

다른 이름
Grauburgunder, Ruländer,
Pinot Grigno, Tokay Pinot Gris,
Malvoisie(스위스),
Szürkebarát(헝가리)

원산지 : 프랑스 부르고뉴 지방

재배지 : 프랑스, 독일, 오스트리아 등

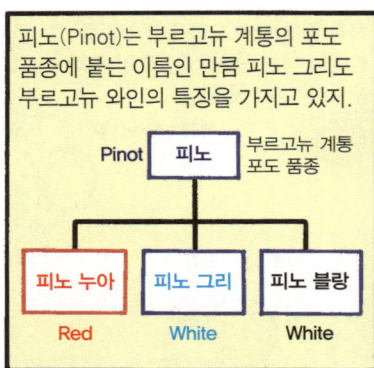

실바너(W)
Silvaner

다른 이름
Sylvaner, Frankenriesling, Johannisberger, Arvine grande, Gros-Rhin, Gamay blanc

원산지 : 미상. 트란실바니아, 오스트리아로 추정

재배지 : 독일, 프랑스 알자스, 스위스, 이탈리아, 헝가리, 오스트리아, 크로아티아, 러시아

1960년대 말 독일의 대표 품종이었대요!

실바너는 고대 로마시대 플리니우스의 기록에도 나오는 가장 오래된 품종이지.

1960년대 말 독일 전체 포도원의 30퍼센트가 이 품종을 재배했을 만큼 독일의 대표 품종이었으나

서리와 추위에 약하고 토질에 민감한 품종이라 대부분 리슬링으로 대체되어 점차 사라져가고 있어.

너 안 되겠다!

산도가 낮고 사과, 아몬드, 짚, 마른풀, 복숭아, 흙 냄새가 나며

흠, 아주 복합적인 향이 나네!

흙이 빚어내는 오묘함…

조류, 야채, 아스파라거스와 잘 어울리지.

오스트리아에선 Sylvaner라 쓰고

스위스에선 Johannisberger 또는 Gros-Rhin으로 써.

실바너 와인 중 최고는 프랑스 알자스 지방에서 만든 것인데 그랑 크뤼급까지 있어.

실바너 화이트와인은 대부분 비싸답니다!

실바너 와인의 맛은 포도를 재배한 토질에 따라 큰 차이가 있는데

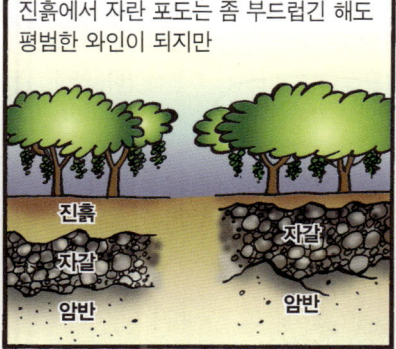

진흙에서 자란 포도는 좀 부드럽긴 해도 평범한 와인이 되지만

척박한 땅에서 자란 실바너로는 오히려 섬세하고 우아한 와인을 만들 수 있지.

그것 참 신기하지?

온실보다 자연에서 자란 과일이 더 맛있으니까.

비오니에(W)
Viognier

다른 이름
Petit Vionnier, Viogne, Vionnier, Galopine

원산지 : 미상

재배지 : 프랑스 남부, 오스트리아, 미국 캘리포니아, 아르헨티나, 브라질, 스페인 등

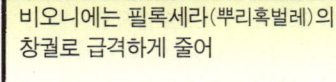

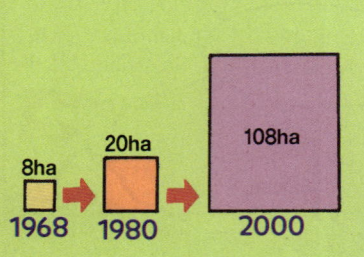

피노 블랑(W)
Pinot Blanc

다른 이름
Weissburgunder,
Pinot Bianco, Clävner,
Pinot Chardonnay, Beli Pinot,
Chasselas dorato

원산지 : 프랑스 부르고뉴

재배지 : 프랑스 알자스, 북부 이탈리아, 독일, 오스트리아, 뉴질랜드, 헝가리 등

피노 그리와 사촌뻘 되는 부르고뉴 계열 화이트와인!

많은 사람이 피노 블랑을 샤르도네와 구별하지 못할 정도로 비슷하지.
어떤 게 샤르도네고
어떤 게 피노 블랑이지?

그러나 피노 블랑은 샤르도네보다 약간 가벼우며

산도가 높아 좀더 새콤한 맛이 나.
새콤하고 신선한 이 느낌은 바로 적당한 산도 때문!

배, 사과, 호도, 허브, 들꽃 향기가 나며

버섯, 아스파라거스, 조개, 닭, 고다 치즈와 잘 어울리지.
버섯 해산물 닭
아스파라거스
꿀꺽

이상적인 식사를 할 때 반주하는 와인으로, 특히 독일인들에게 인기가 높아.

피노 블랑 품종 중 가장 우수한 것은 알자스에서 생산되는데
피에르 프릭
Pierre Frick
피노 블랑을 블렌딩한 프랑스 알자스 그랑 크뤼 화이트와인

정작 원산지인 부르고뉴에서는 샤르도네 대용으로만 약간 재배할 뿐이야.
알자스 부르고뉴
독일 오스트리아
헝가리

부르고뉴 계열의 포도 품종

	독일 이름
피노 누아 Pinot Noir	슈페트부르군더 Spätburgunder
피노 그리 Pinot Gris	그라우부르군더 Grauburgunder
피노 블랑 Pinot Blanc	바이스부르군더 Weissburgunder

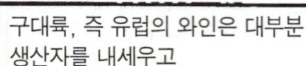

❖ 포도의 수확

*Saint-Émilion

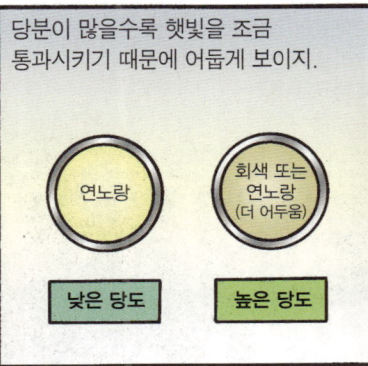

❖ 압착

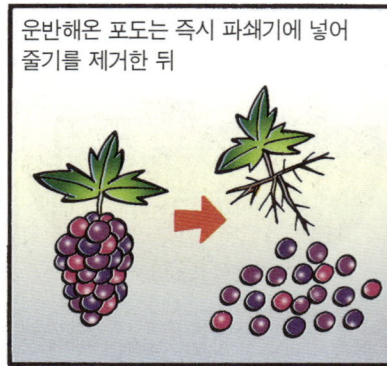
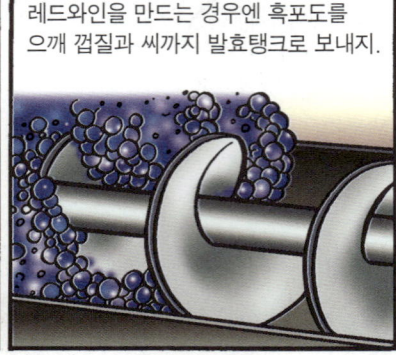
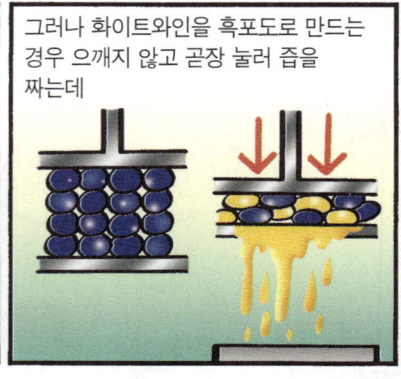

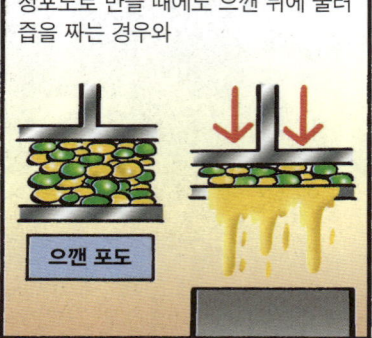

❖ 발효

화이트와인은 줄기를 제거하고 으깬 즙, 즉 머스트를 거르면

즙을 머금은 껍질과 씨만 남고 즙은 흘러내리는데, 이처럼 자연스럽게 흘러나온 즙을 '프리 런 주스'라 하고

껍질과 씨를 강하게 눌러 짠 즙을 '프레스드 주스'라고 하지.

프리 런 주스와 프레스드 주스! 뱅 드 구트* 와 뱅 드 프레스**!

*vin de goûte **vin de préss

이 두 가지를 따로따로 와인을 만들기도 하고, 적당히 섞어 만들기도 해.

발효탱크에 옮긴 포도즙은 10~20일 발효시키는데

*스테인리스 발효탱크

발효할 때 생기는 탄산가스와 열로 와인이 부글거리면서 끓게 되지.

*거품을 일으키며 끓는 발효과정

이때 온도가 지나치게 높아지지 않도록 조심스럽게 지켜보면서 조절해줘야 해.

온도가 너무 높으면 와인이 상해버리죠!

요즘에는 컴퓨터를 이용해 자동적으로 조절되도록 조치하기도 하지.

발효를 시작하기 전에, 날씨가 아주 나빠 포도의 당도가 지나치게 떨어지면

당도가 너무 떨어지네!

당도를 보충하기 위해 적당량의 설탕을 첨가하는데, 이를 고안해낸 샤프탈의 이름을 따 샤프탈리자시옹이라고 해.

Chaptalisation 당분을 추가하는 것

하지만 허용된 설탕의 양은 나라마다 법으로 정해져 있고, 설탕 첨가가 아예 금지된 나라도 있지.

장-앙투안 샤프탈
Jean-Antoine Chaptal
1756~1832
프랑스 화학자

❖ 이스트 첨가

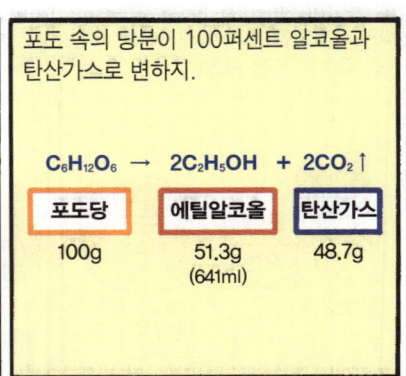

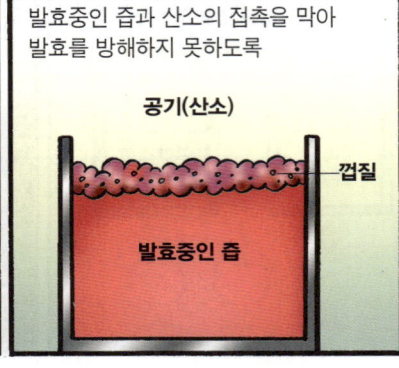

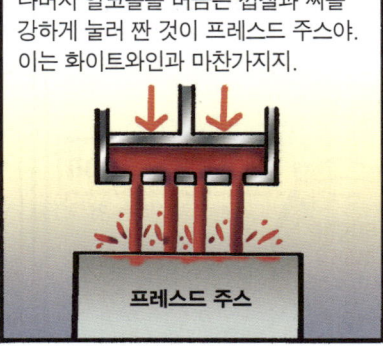

❖ 후발효

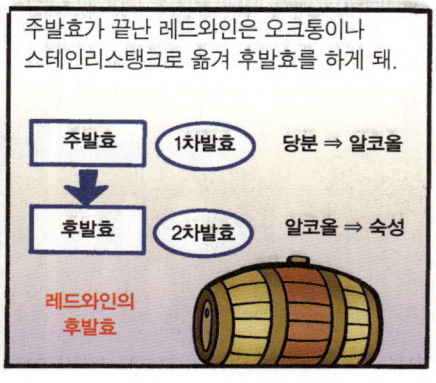

*殘糖: residual sugar

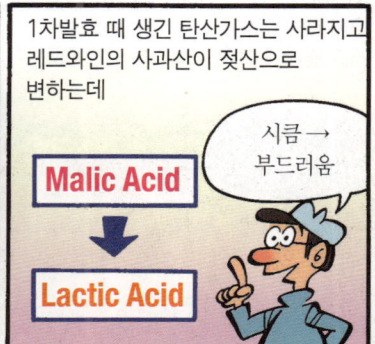

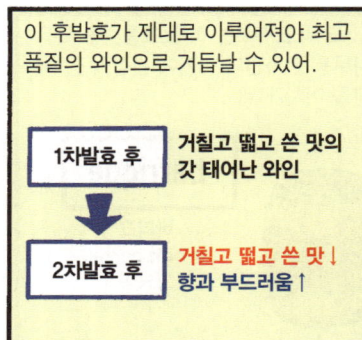

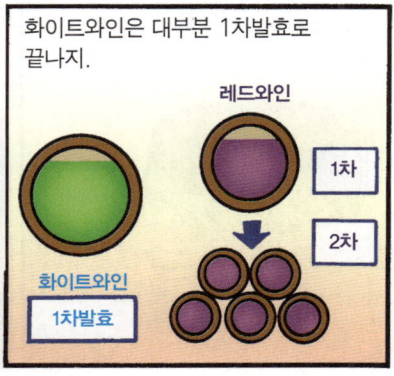

❖ 바리크

레드와인은 바리크*라고 하는 오크통이나 다른 발효탱크에서 1~2년간 후발효와 함께 숙성시킨 다음

효모찌꺼기와 기타 불순물을 제거하는데, 이때 계란 흰자를 이용하지.

225리터짜리 바리크 한 개에 든 와인에 4~5개의 계란 흰자를 넣으면

보르도 전통 바리크 **225리터** / 부르고뉴 전통 바리크 **228리터**

계란 4~5개 / 계란 흰자

*barrique

타닌과 결합해 떫은맛을 줄이고, 효모찌꺼기와 엉겨붙어 와인통 밑에 고이거든.

포도찌꺼기, 죽은 효모 등의 침전물

이 일을 몇 번에 걸쳐 다른 통으로 옮기면서 촛불에 비춰가며 불순물을 걸러내고

순수한 와인만 숙성시키는 까다로운 과정도 2차발효 때 거쳐야 해.

*찌꺼기를 제거한 뒤 와인을 채워넣는다. 샤토 무통 로칠드

이때 가장 중요한 것이 바리크의 질이지.

보르도에서는 전통적으로 225리터짜리 통을, 부르고뉴에서는 228리터짜리 통을 쓰는데

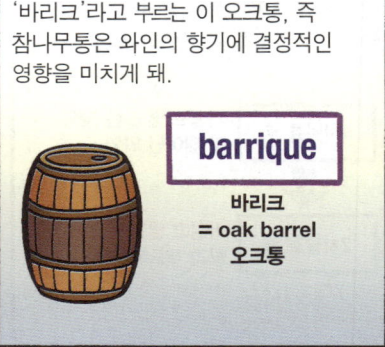

'바리크'라고 부르는 이 오크통, 즉 참나무통은 와인의 향기에 결정적인 영향을 미치게 돼.

barrique
바리크
= oak barrel
오크통

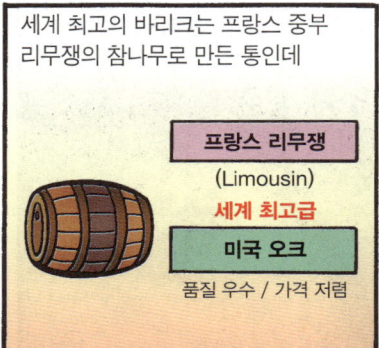

세계 최고의 바리크는 프랑스 중부 리무쟁의 참나무로 만든 통인데

프랑스 리무쟁 (Limousin) 세계 최고급
미국 오크 품질 우수 / 가격 저렴

한 개에 약 150만 원이나 하는 고가의 수제품이야.*

₩1,500,000

*프랑스산 2007

세계 최고의 와인은 모두 새 바리크에서 숙성시킨다는 공통점이 있지.

새 바리크를 써야 신선한 참나무향이 배거든!

❖ 숙성창고

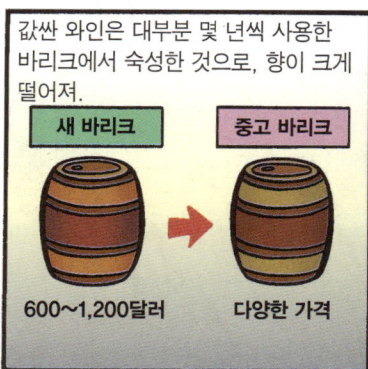

*참나무조각

*프랑스 와인

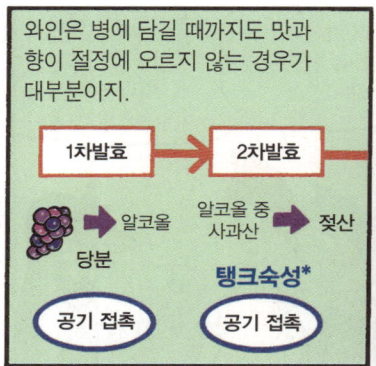

*탱크나 바리크

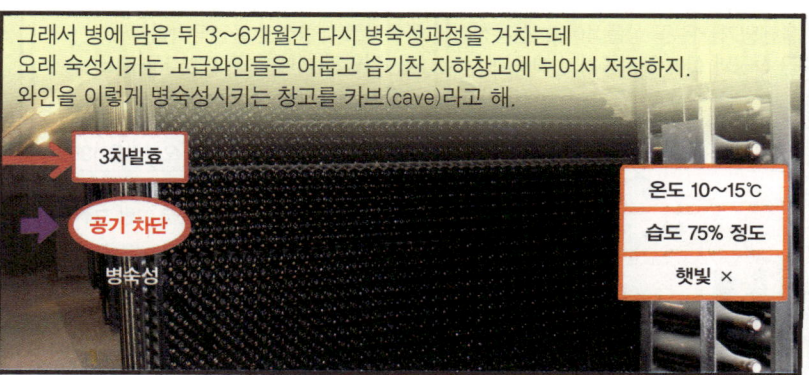

*로마네 콩티의 카브

❖ 블렌딩

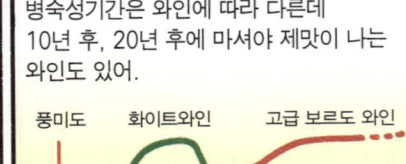
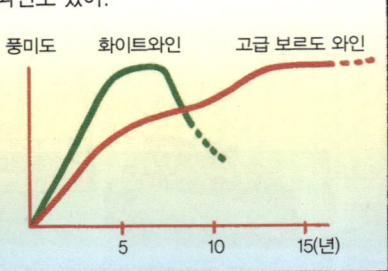

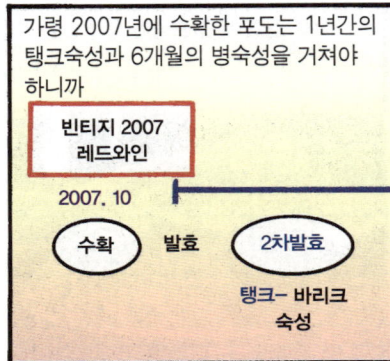

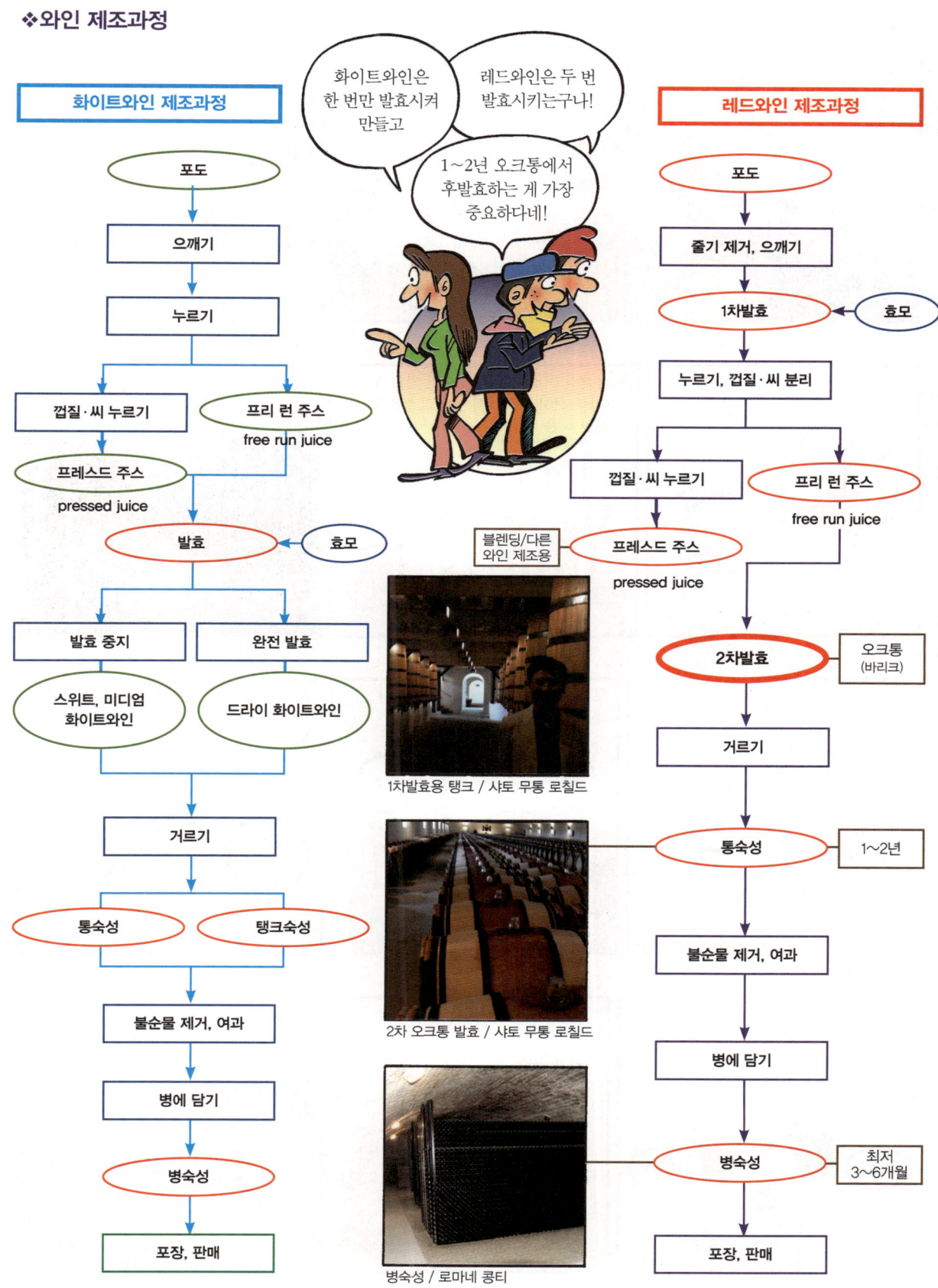

❖ 로제와인 제조과정

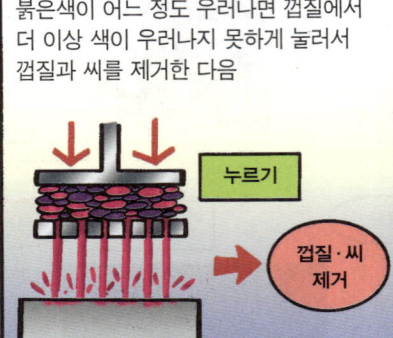

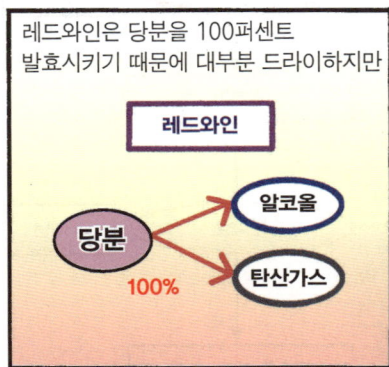
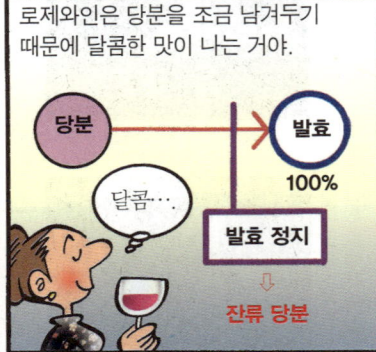

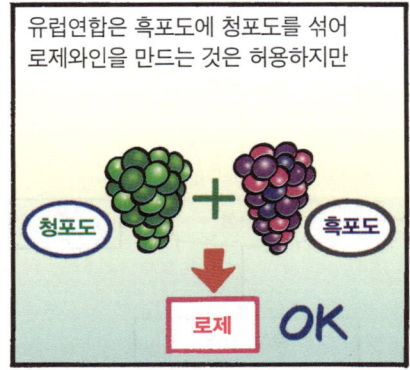

❖ 샹파뉴 제조과정

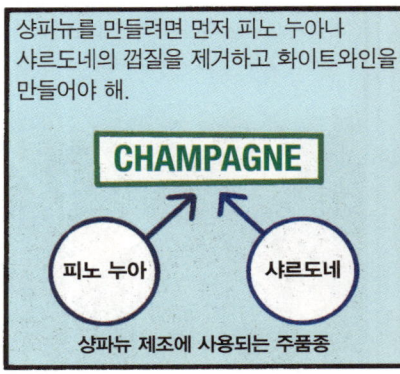
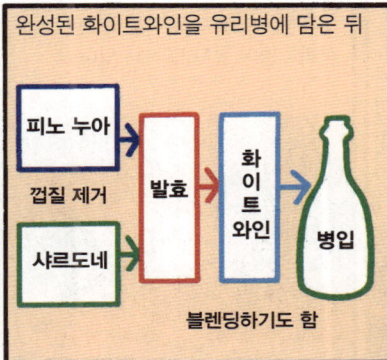

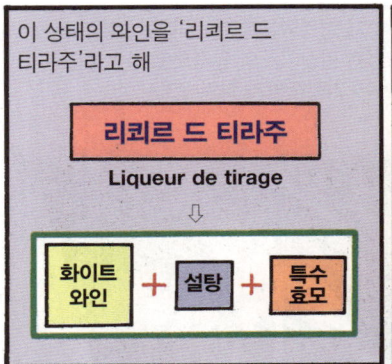

임시뚜껑을 닫은 샴페인병은 주둥이를 아래로 비스듬히 꽂고

*마담 뵈브 클리코 사의 전시실

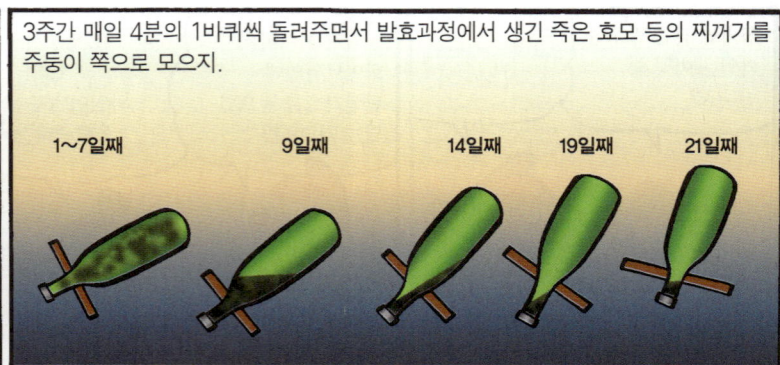
3주간 매일 4분의 1바퀴씩 돌려주면서 발효과정에서 생긴 죽은 효모 등의 찌꺼기를 주둥이 쪽으로 모으지.

1~7일째 / 9일째 / 14일째 / 19일째 / 21일째

과거에는 매일 한 번씩 일일이 손으로 돌려주었지만

1/4 바퀴

이제는 기계화되어 자동적으로 샴페인병이 돌아가게 돼 있어.

*초기의 샴페인 돌리는 기계. 마담 뵈브 클리코 사

이렇게 3주만 지나면 죽은 효모 등 찌꺼기가 병 주둥이로 모이고

찌꺼기가 모인 주둥이를 40초 동안 초저온 냉동장치에 넣어두면

영하 20℃ 초저온 냉동장치

주둥이 부분의 와인과 찌꺼기가 얼어붙어 덩어리가 되는데

냉동상태

찌꺼기 (죽은 효모 등)

이때 병뚜껑을 열면 샴페인 속에 녹아 있던 탄산가스의 압력으로 얼어붙은 찌꺼기덩어리가 튕겨나오지.

이로써 샴페인은 불순물이 제거된 깨끗한 상태가 되는 거야.

불순물이 제거된 깨끗한 샴페인

불순물을 제거할 때 병에서 함께 쏟아져 나온 약간의 와인을 보충한 뒤

불순물 제거시 나온 와인 / 보충 와인

도사주 Dosage

병 속의 탄산가스가 더 이상 빠져나오지 못하게 코르크마개를 닫고 철사로 단단히 묶으면 샴페인이 완성되는 거지.

코르크 / 철사

그래서 여기가 볼록 튀어나왔지요!

❖ 발포성 와인

*랭스의 마담 뵈브 클리코 본사 시음실

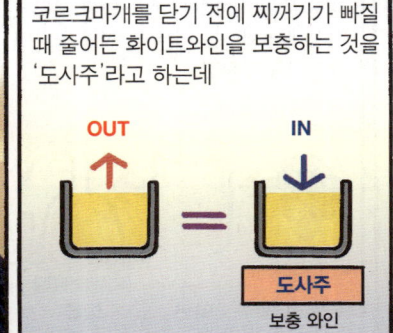

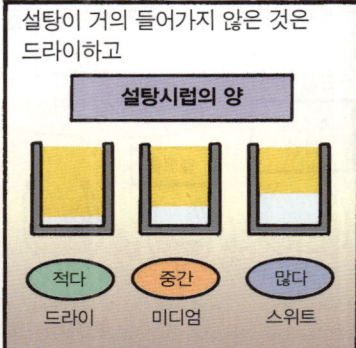

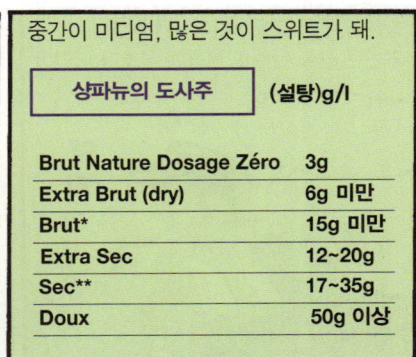

*브뤼 : very dry   **섹 : dry

❖ 셰리 제조과정

*코냑의 생마르탱 교회

*헤레스의 고대 이름은 Ceres, 여기서 셰리라는 이름이 유래되었음

❖ 피노와 올로로소 셰리

드라이한 화이트와인을 기본으로 하기 때문에 셰리는 대부분 드라이한 맛이야. 물론 미디엄과 스위트 셰리도 있지만 말야.

셰리는 숙성과정에서 피노셰리와 올로로소셰리, 두 종류로 나뉘지.

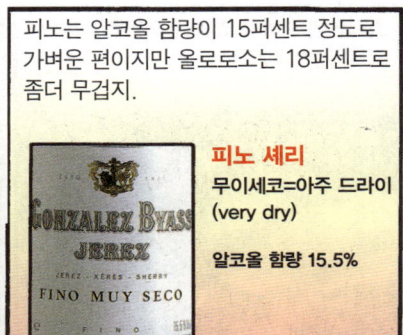
피노는 알코올 함량이 15퍼센트 정도로 가벼운 편이지만 올로로소는 18퍼센트로 좀더 무겁지.

피노 셰리
무이세코=아주 드라이 (very dry)
알코올 함량 15.5%

알코올이 적게 함유된 피노의 숙성탱크에서는 화학작용에 의해 플로르(flor)라는 효모가 와인 위에 퍼지면서

* 와인 위에 퍼진 플로르 효모

셰리와 공기의 접촉을 막아 산화를 방지하기 때문에

대부분 화이트와인과 같은 색을 띠고 화이트와인처럼 차갑게 마시는 게 좋지.

* 셰리의 테이스팅

반면, 올로로소는 알코올 함량이 높아서 플로르가 생기지 않기 때문에 저장통 속에서 공기에 접촉한 채로 숙성되지. 그래서 피노보다 어두운 색이 되는 거야.

맨 위 통에 새 셰리를 채우고 맨 아래 통에서 20~30퍼센트를 빼낸다. 맨 위 통에서 맨 아래 통으로 내려오는 동안 셰리가 숙성해 깊은 맛을 내게 된다.

솔레라 시스템

셰리를 숙성시키는 데는 600리터짜리 큰 오크통이 사용돼.

셰리에는 크림(Cream) 셰리라 하여 아주 달게 블렌딩하는 것도 있지만

순수하고 드라이한 피노와 올로로소가 훨씬 고급으로 취급되고

크림셰리라고?

그냥 셰리는 좀 독해서….

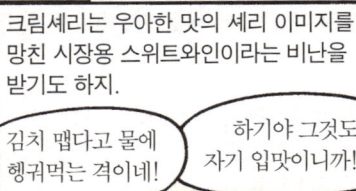
크림셰리는 우아한 맛의 셰리 이미지를 망친 시장용 스위트와인이라는 비난을 받기도 하지.

김치 맵다고 물에 헹궈먹는 격이네!

하기야 그것도 자기 입맛이니까!

❖ **포트와인**

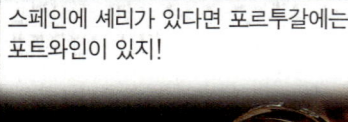

스페인에 셰리가 있다면 포르투갈에는 포트와인이 있지!

포트와인이 생산되고 모이고 배에 실려 나가는 도시가 포르투*이기 때문에 '포트와인'이라는 이름이 붙었어.

이 와인은 포르투갈 북부 도루*강 유역에서 재배되는 포도로 만드는데

*Porto항 : 포트와인이 집적, 수출되는 중심지   *Douro

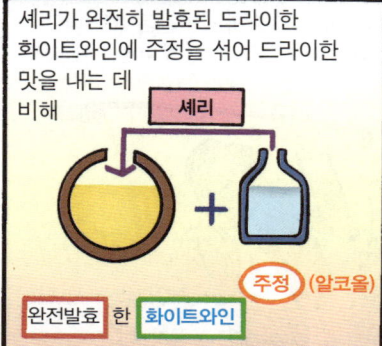

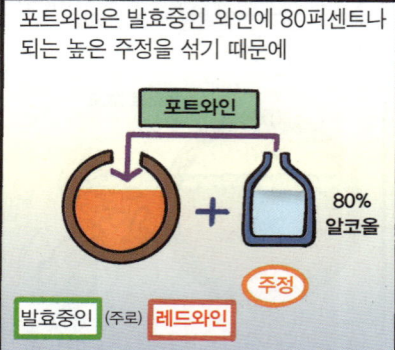

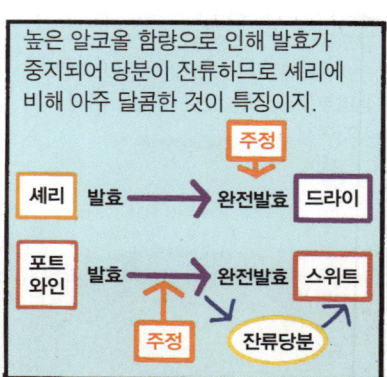

셰리가 완전히 발효된 드라이한 화이트와인에 주정을 섞어 드라이한 맛을 내는 데 비해

포트와인은 발효중인 와인에 80퍼센트나 되는 높은 주정을 섞기 때문에

높은 알코올 함량으로 인해 발효가 중지되어 당분이 잔류하므로 셰리에 비해 아주 달콤한 것이 특징이지.

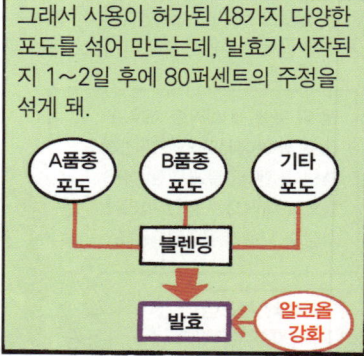

당연히 알코올 함량도 높아서(20% 이상) 디저트와인으로 사랑받고 있어.

- 디저트와인은 식후에 마시는 것으로
- 달콤하거나 알코올 함량이 높은 것을 선호하지요.

또 일반 와인과 달리 알코올을 첨가하기 때문에 포도의 품종이나 품질보다는 블렌딩기술과 숙성이 더 중요하지.

- 강한 알코올로 인해
- 재료보다 기술이 더 중요!

그래서 사용이 허가된 48가지 다양한 포도를 섞어 만드는데, 발효가 시작된 지 1~2일 후에 80퍼센트의 주정을 섞게 돼.

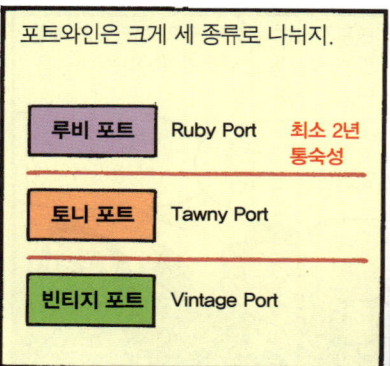

포트와인은 크게 세 종류로 나뉘지.

- 루비 포트 Ruby Port — 최소 2년 통숙성
- 토니 포트 Tawny Port
- 빈티지 포트 Vintage Port

가장 대중적인 루비 포트는 흑포도로 만든 것과 청포도로 만든 화이트포트가 있는데

도루강 지역에서 재배하는 100여 종의 포도는 모두 포트와인을 만드는 데 쓸 수 있죠. 그중 레드와인 품종으로 허용된 것은 48종이랍니다!

둘 다 과일향이 풍부하고 가격도 그리 비싸지 않은 슈퍼용 와인이야.

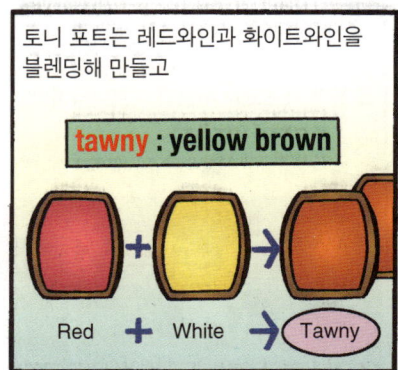

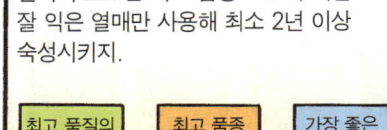
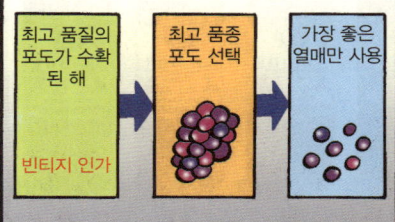
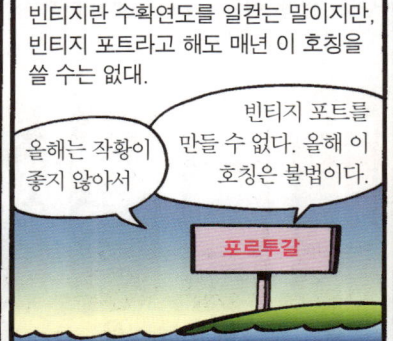

❖ 코냑과 아르마냑

*숙성중인 코냑

*와인을 증류해 코냑을 만드는 과정

VS는 일명 '별셋(★★★)'으로 알려진 기본 코냑으로, 가장 저렴한 미숙성품이야.
VSOP는 4년 6개월 이상 숙성한 브랜디를 섞은 코냑으로 VS보다 고급품이지.

* ① € 28.90 ② € 49.90 ③ € 115 ④ € 135 ⑤ € 650 ⑥ € 700 ⑦ € 750 (유럽 가격, 2007년)

XO는 8년 이상 숙성한 코냑이지.

VS = Very Special
VSOP = Very Special Old Pale 4년 6개월 이상
Napoléon 6년 이상
XO = eXtra Old 8년 이상

VSOP는 VO(very old)로 분류하기도 함

와인을 만나기 전에

미리 알아두어야 할 것들

*프랑스 보르도 오메독 지방 포이약 마을의 거리

- 테루아 Terroir
- 빈티지 Vintage / Millésime
- 타닌 Tannin
- 바리크 Barrique
- 공기와 온도
- 와인의 가격
- 와인의 평가
- 파리의 심판

자, 이제 와인의 세계에 흠뻑 빠져볼까요?

잠깐! 그전에 몇 가지 미리 알아두어야 할 것이 있어.

테루아
Terroir

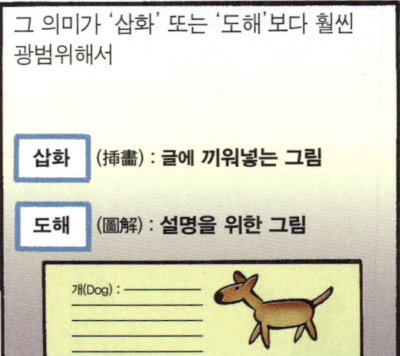
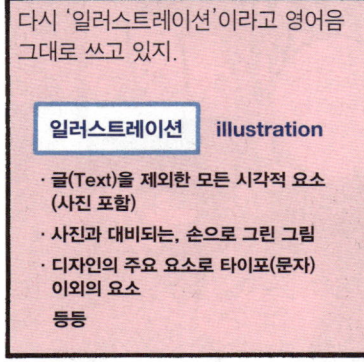

*Savior vivre : '인생의 맛을 안다' '삶을 살 줄 안다'는 뜻

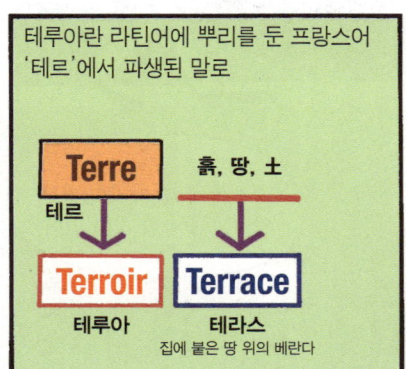

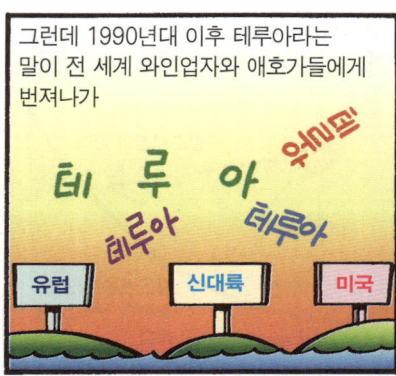

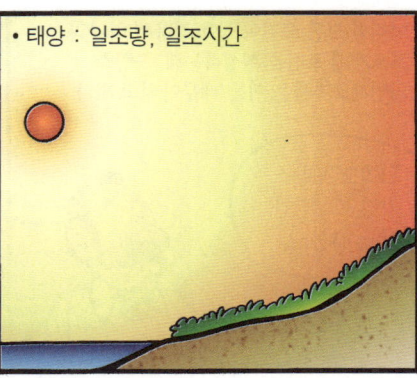

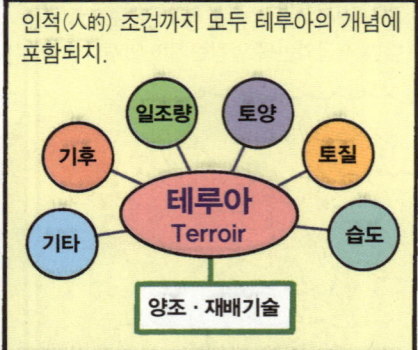

*Château Cos d'Estournel **Bruno Prats

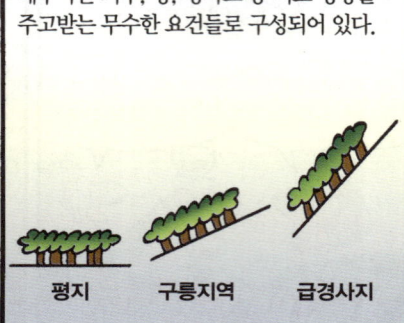
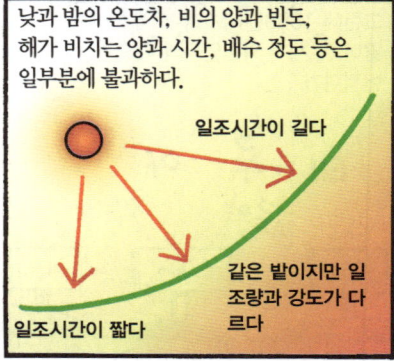

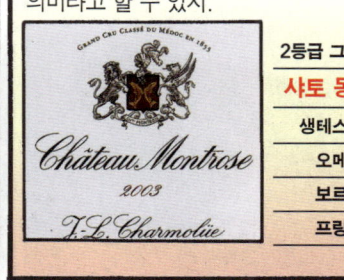

*DRC : Domaine Romanée Conti

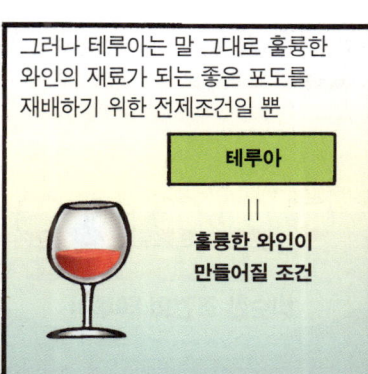

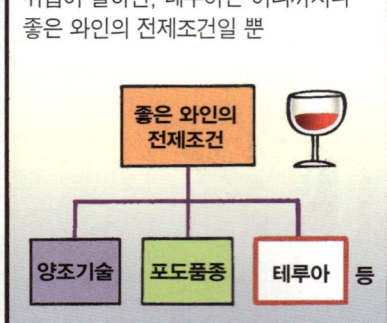

빈티지
Vintage / Millésime

*샤토 페트뤼스 € 4,400(2023년 가격)

*시대에 뒤떨어진 사람

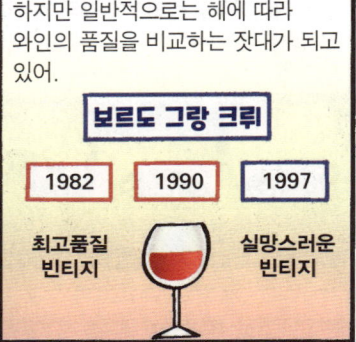

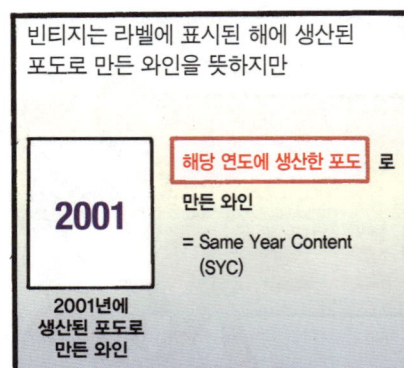

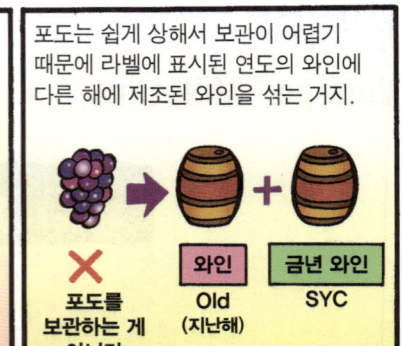
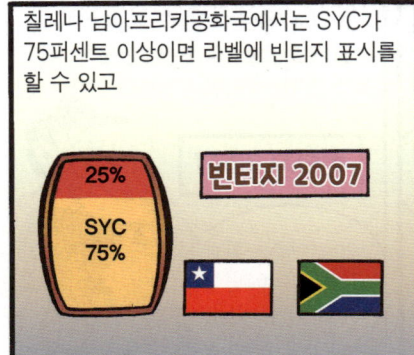
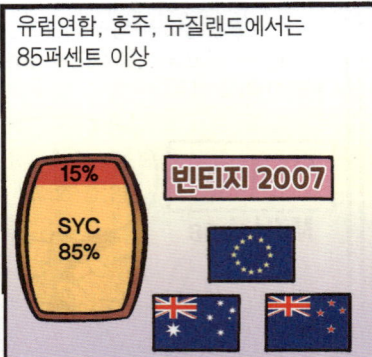

*non vintage wine

*빈티지의 차이를 알려주는 안내서. 진한 연도 : 좋음, 빨간 연도 : 아주 좋음, 얇은 연도 : 보통

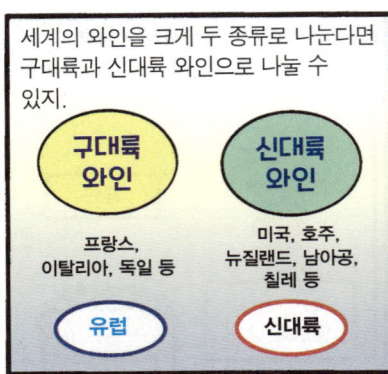

보르도 와인 5대 샤토 중 하나인 샤토 무통 로칠드의 와인은 예술가들이 디자인한 라벨로 유명해.

1988년 작고한 샤토의 소유주 필리프 로칠드 남작은 1945년 빈티지부터

Baron Philippe de Rothschild
1902~1988

CHÂTEAU MOUTON ROTHSCHILD

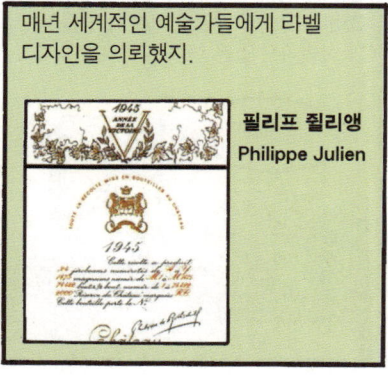
매년 세계적인 예술가들에게 라벨 디자인을 의뢰했지.

필리프 쥘리앵
Philippe Julien

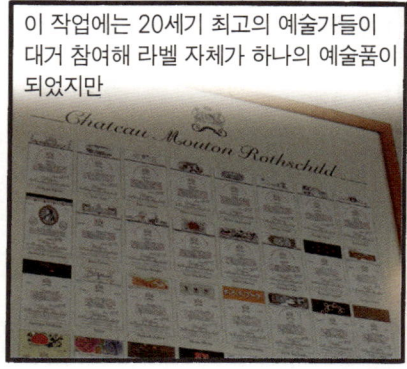
이 작업에는 20세기 최고의 예술가들이 대거 참여해 라벨 자체가 하나의 예술품이 되었지만

아무리 위대한 작가라도 빈티지의 좋고 나쁨에 따라 작품의 성패가 달라지고 말았지.

작가 A € 350.—
작가 B € 875.—

위대한 예술가들이 빈티지에 따라 유명해지기도, 스타일을 구기기도 했다니, 정말 우습네요.

예컨대 파블로 피카소, 살바도르 달리, 호안 미로 같은 거장들의 라벨은 빈티지가 별로 신통치 않은 탓에 값이 떨어졌고

1958 살바도르 달리
1969 호안 미로
1973 파블로 피카소

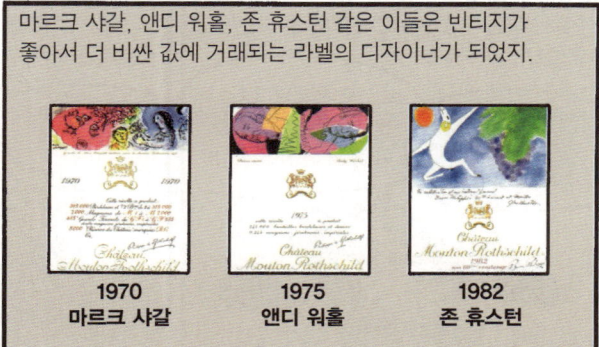
마르크 샤갈, 앤디 워홀, 존 휴스턴 같은 이들은 빈티지가 좋아서 더 비싼 값에 거래되는 라벨의 디자이너가 되었지.

1970 마르크 샤갈
1975 앤디 워홀
1982 존 휴스턴

작품료는 얼마나 받았을까요?
엄청나게 많이 받았겠지!

그들은 7,500달러, 우리 돈으로 약 1,000만 원 상당의 와인 네 박스를 받았어. 자신의 작품이 라벨로 붙은 와인 네 박스!

$7,500
4박스=24병

하지만 빈티지에 따라 값이 달라져서, 샤갈은 피카소의 몇 배나 되는 작품료를 받은 셈이 되었지.

샤갈
피카소

*Roman Weil : 시카고대 교수, 미국 양조학회 공동회장

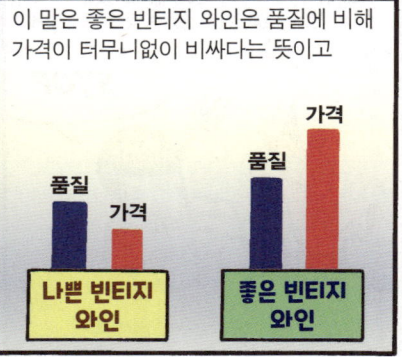

타닌
Tannin / Tanin

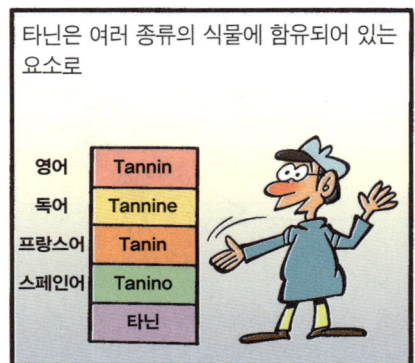

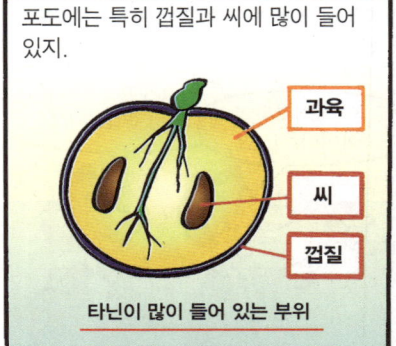

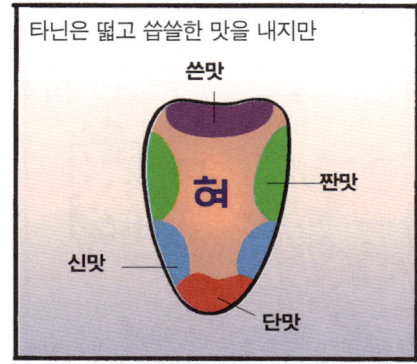

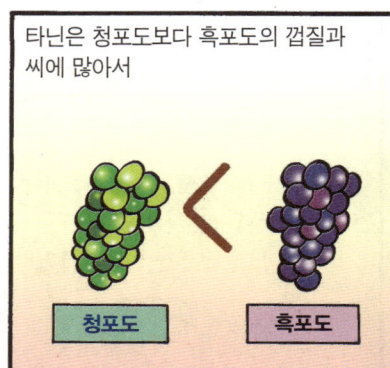

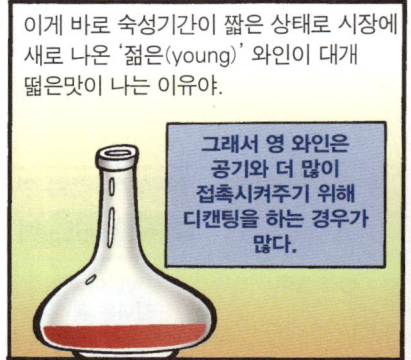

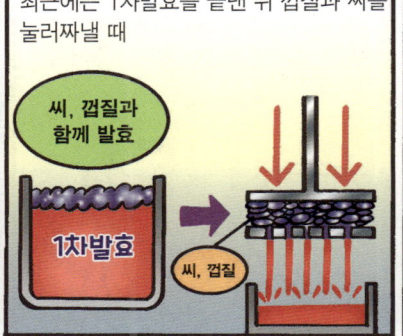

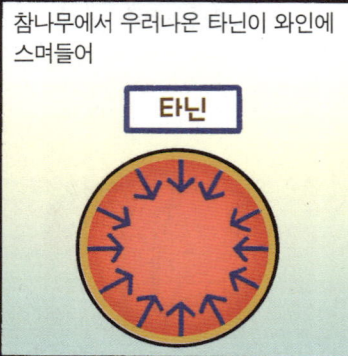

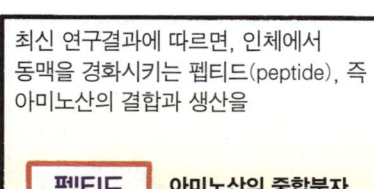
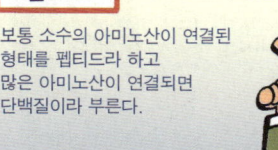

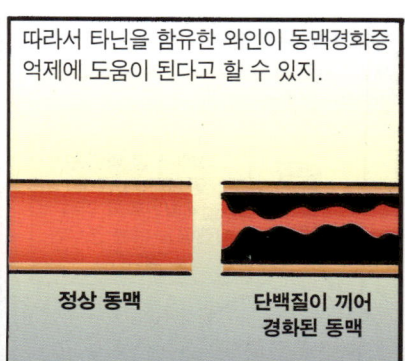

바리크
Barrique

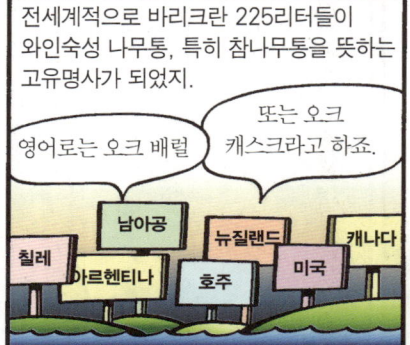

*〈1830년혁명〉: 들라크루아 그림

*생드니 포르트(문)의 전투

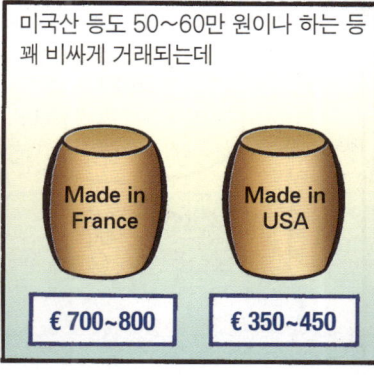

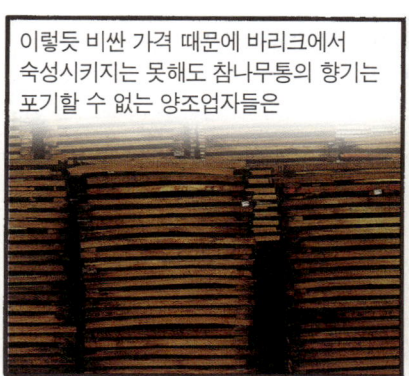

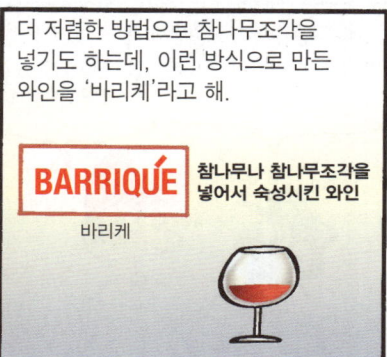
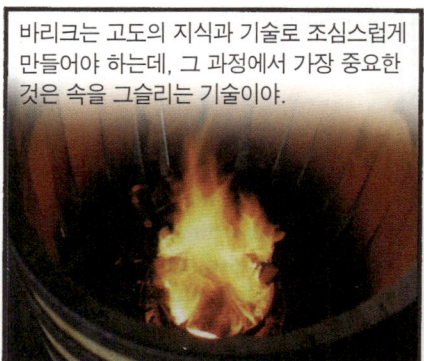

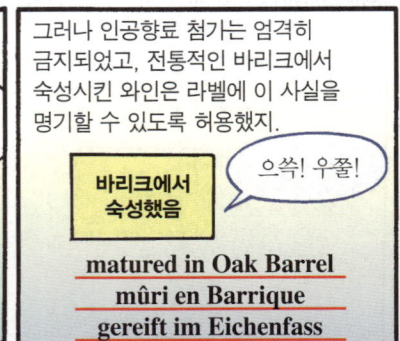

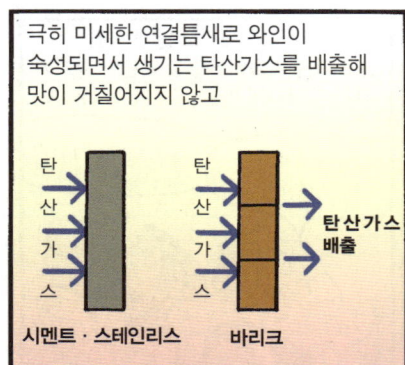
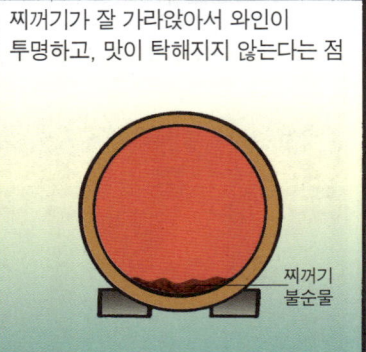

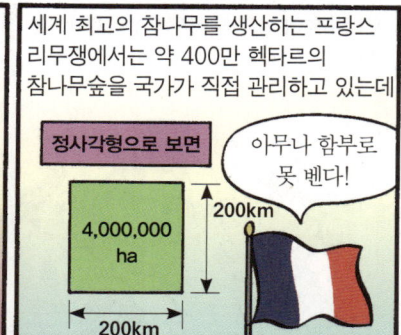

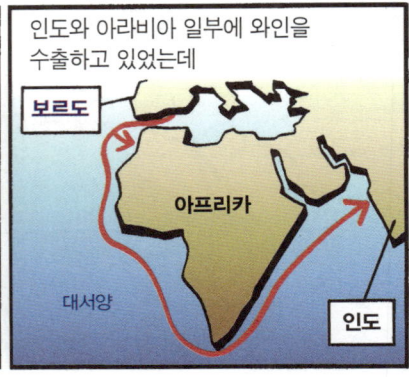

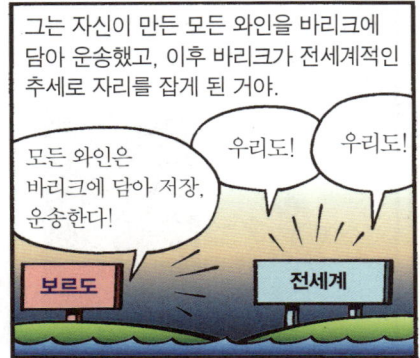
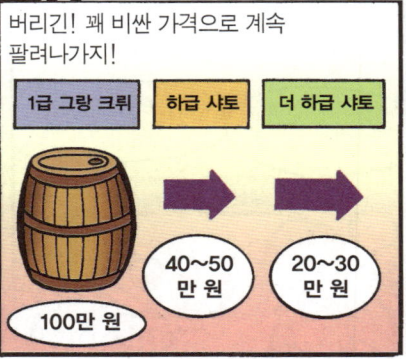

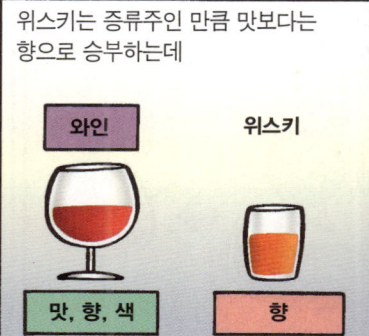
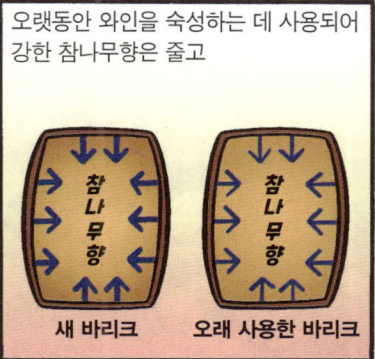

공기와 온도
와인의 맛을 좌우한다!

와인을 음미하는 데 가장 중요한 와인잔!

와인과 공기, 즉 산소는 최고의 파트너이자 천적(天敵)이라고 할 수 있어.

산소는 포도즙을 산화, 즉 발효시켜 감미로운 와인으로 만들지만

와인을 다시 산화시켜 식초로 만드는 주범이기도 하지.

그래서 와인을 다룬다는 것은 곧 산소와의 조화와 투쟁을 의미한다고 할 수 있어.

고대부터 코르크마개가 사용되기 전까지 수천년 동안 와인의 장기보존이 불가능했던 것은

와인이 산소와 접촉해 상해버렸기 때문이야.

에구, 시어!

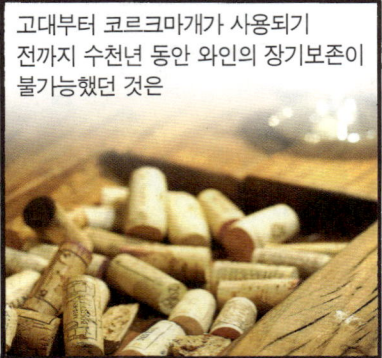

한편 와인을 어떤 온도로 마시느냐에 따라

레드 14~18℃
화이트 6~12℃
샹파뉴 4~8℃

최고급와인을 개성없는 싸구려 와인처럼 감동없이 마셔버릴 수도 있고

이 비싼 와인을 원샷에?

값싼 와인도 적절한 온도로 최고급와인처럼 맛있게 마실 수도 있지.

진짜 죽인다!

❖ **코르크마개**

와인을 보관하는 데 가장 이상적인 마개는 두말할 것도 없이 코르크야.

*코르크나무

코르크는 17세기쯤 포르투갈에서 포트와인 마개로 처음 사용되었어.

그러니 세계 코르크 생산량의 90퍼센트를 포르투갈에서 생산하는 것도 우연이 아니지.

*마개를 찍어낸 코르크나무 껍질

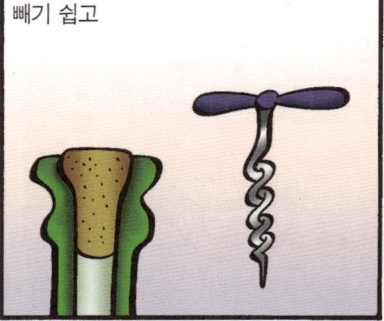

코르크는 탄력이 있어서 병에 넣거나 빼기 쉽고

젖으면 팽창해서 공기를 완벽하게 차단해준다는 장점이 있기 때문에 전세계에서 와인병 마개로 사용하고 있어.

와인을 눕혀서 보관하는 것도 코르크가 와인에 젖어 있어야 말라서 갈라지지 않기 때문이지.

그러나 코르크도 시간이 오래 지나면 미세한 균열이 생기고

그 틈새로 산소(공기)가 스며들어 와인이 변질되기 때문에

우리는 아무리 작은 틈새라도 비집고 들어간다!

장기보관용 고급와인은 약 30년에 한 번씩 코르크를 바꿔줘야 해.

Recorking
약 30년에 한 번

코르크야말로 와인의 장기보관을 가능하게 한 혁명적인 소재지.

와인 수명
30년 이상

코르크마개가 사용되기 전에는 새로 만든 와인을 한 해 안에 마셔야 했기 때문에

시기 전에 마셔야지, 아까워라!

오늘날처럼 장기숙성와인의 오묘한 맛을 즐길 수 없었어.

*1920년대 로마네 콩티

❖ **숨쉬기, 브리딩**

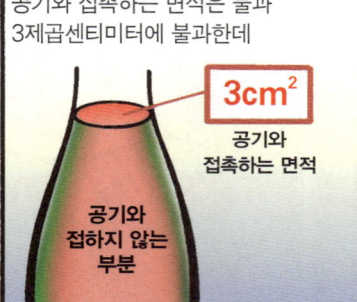

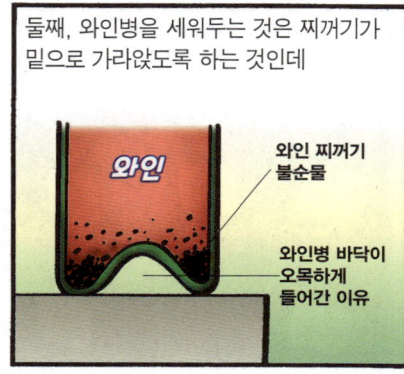

❖ **디캔팅**

와인을 병에서 디캔터로 옮기는 것도 와인이 공기와 접하도록 하기 위한 거야.

공기와 오래 접촉할 수 있도록 와인을 실처럼 가늘게 따르는 거지.
가늘게 따를수록 오래 따르게 되고
와인이 더 오래 공기와 접촉하거든!

그러나 오래된 고급와인에 디캔팅은 금물이고
공기와 충분히 오래 사귀었거든!

병에서 잔에 직접 따라 잔 속에서 공기를 만나 맛과 향이 피어오르도록 해야 하기 때문에

디캔팅을 하기보다는 와인에 맞는 좋은 잔에 마시는 게 와인의 맛과 향을 살리는 지름길이지.
보르도 부르고뉴 화이트와인

디캔팅하는 거 폼나 보이던데!
쇼를 해라, 쇼를!

디캔팅이 필요한 경우는 만든 지 얼마 안 된 젊은(young) 와인으로
특히 5년 미만의 보르도 와인은 아직 타닌이 강하거든!

아직 충분히 숙성되지 못한 탓에 떫고 강한 맛이 제대로 '열리지 않은' 상태라서
음… 아직 덜 열렸군!

디캔팅을 통해 공기와 접촉시켜주면
*알베르-오귀스트 푸리의 그림. 1886년

와인이 '열리면서' 떫은맛이 약해지고 부드러워지는 효과가 있지.
같은 와인인데 확 달라졌네!
오매~

최고급 장기숙성와인과 화이트와인은 절대로 디캔팅하지 마라!
산소

오히려 젊고 어린 와인이 디캔팅을 하면 부드러워진다!
산소

❖ **스크루캡**

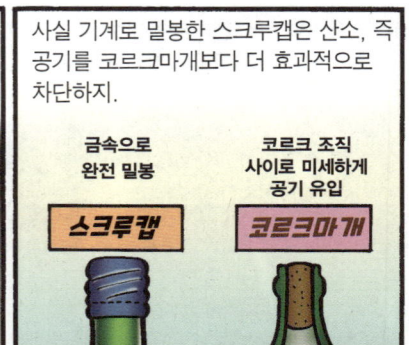

*screw cap

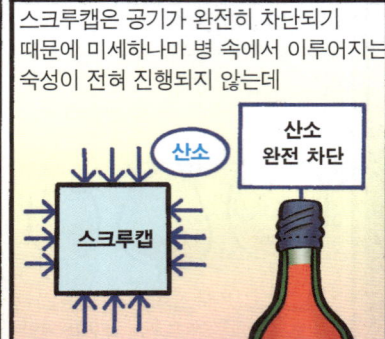

*대량생산 와인탱크

❖ **와인을 맛있게 마시는 온도**

화이트와인은 6~12도로 서늘하게 마셔야 제맛이 나고

*찬물에 식혀 마시기도 한다. 찰스 메어 웹 그림. 1883년

샴파뉴는 더 시원하게 마시기 위해 얼음이나 얼음물에 병을 담갔다가 마시기도 하지.

반면 레드와인은 보통 실온으로 마시라고 하는데, 그게 요즘의 실내온도는 아니야.
실내온도

옛날에는 난방이 제대로 되지 않아 실내에서도 옷을 많이 입고 좀 춥게 지냈지만

요즘에는 난방시설이 좋아져서 옛날보다 훨씬 따뜻하게 지내고 옷도 덜 입잖아!
한겨울에 반팔차림으로?

요즘 실내온도는 보통 20도를 넘지만
집이 왜 이렇게 추워?
24도에 맞춰놓은 거예요….

옛날엔 평균 실내온도가 18도 정도였고, 이 온도가 바로 레드와인 마시기에 좋은 '실온'이야!

그러니까 레드와인은 비교적 서늘하게, 14~18도로 마셔야 제맛이 나는데
레드와인
14~18℃

만든 지 얼마 안 된 '젊은' 와인일수록 조금 차게 마셔야 떫은맛이 튀지 않아.
음, 서늘하게 마시니 떫은맛이 좀 죽는군!

대신 최고급 장기숙성와인은 18도 정도에서 마셔야 그 맛과 향을 제대로 즐길 수 있지.
Oh, my God!
피어오르는 이 기막힌 향기를 어쩔 거냐구!

와인저장소나 와인냉장고가 레드와인 저장에 14도로 맞춰져 있는 까닭은

옛날 지하 와인저장고(카브)의 온도가 바로 14도였기 때문이야.

❖ **와인잔**

*사진 : http://www.riedel.com

와인의 가격
태어나기 전에 정해진다!

이 세상에 와인만큼 가격이 천차만별인 상품도 별로 없을 거야.

한 병에 1천 원짜리 테이블와인부터 수천만 원에 이르는 최고급와인까지

와인은 소비자의 구매능력에 따라, 또 기호에 따라 가격대가 정말 다양하지.

그렇다면 와인의 가격은 어떻게 매겨지고, 실제 우리가 마시는 와인의 순수한 가격은 얼마나 될까?

샤토 라피트 로칠드 2003
€ 565

샤토 레장드 R 2004
€ 12.70

한 와인업자가 공개한 와인 한 병의 가격을 살펴볼까?

$ 12.30
와인판매소(소매) 가격
약 16,000원

이 가운데 순수한 와인 750밀리리터(1병)의 가격은 놀랍게도 판매가격의 3분의 1에도 미치지 못해.

판매소(소매) 가격	$12.30
병 속의 와인 가격	$4.03(생산비)
코르크, 라벨	$0.26
수송비(병당)	$0.36
생산자 이윤	$0.93
세금	$2.27
상인 이윤	$2.62
소비세	$1.83

실제 와인 생산가격 / 상인 이윤 / 세금 / 생산자 이윤 / 코르크, 라벨, 수송비 등 / 기타

우리나라 와인값이 미국이나 유럽보다 20~50퍼센트 비싸니까

소비자가 와인을 잘 모른다고

엉터리 빈티지에다 이런 가격을 붙여?

약 2만 원짜리 와인이라면 우리가 마시는 실제 와인의 값은 4천 원 정도인 셈이지.

20,000원 → 12,000원 (유럽·미국 가격) → 약 4,000원 (실제 와인 가격)

❖ **와인의 매매**

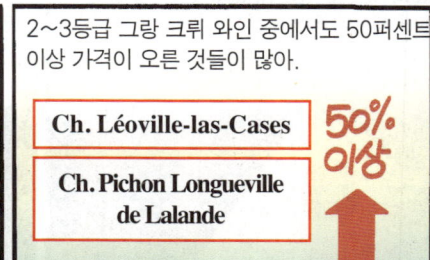

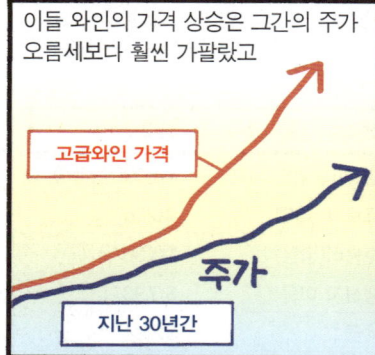

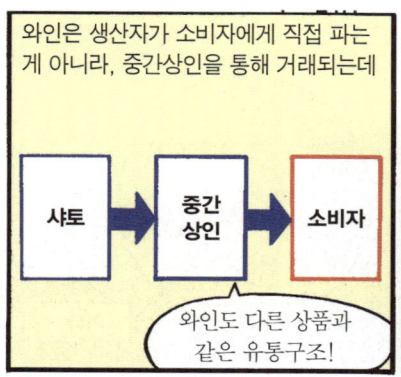

*로마네 콩티의 바리크

❖ 와인 선물시장

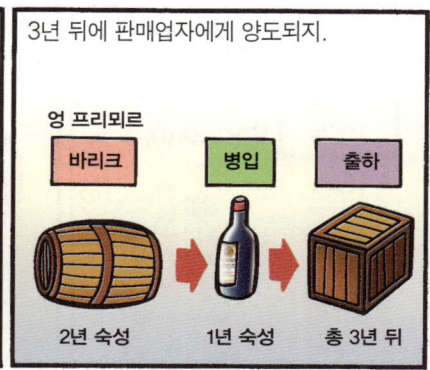

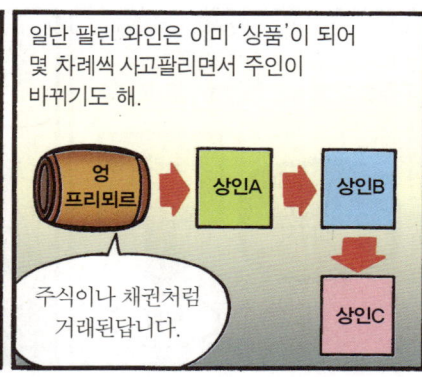

❖ **보르도 와인의 가격**

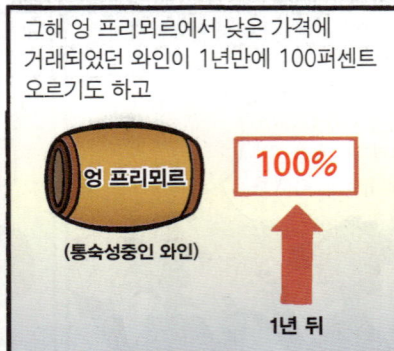
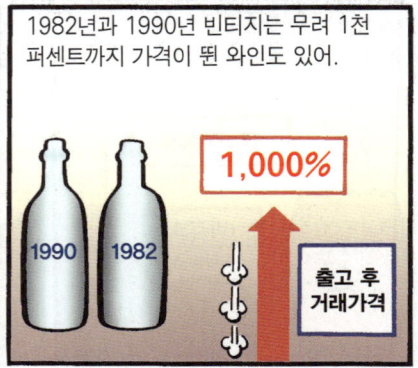
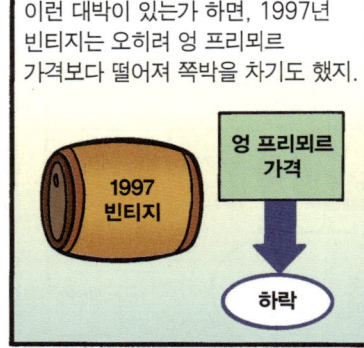

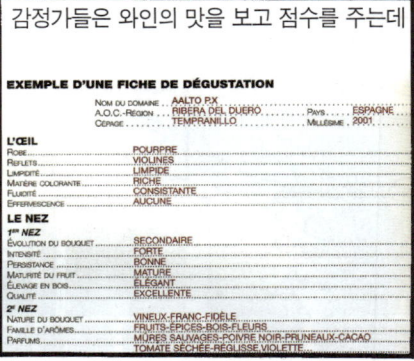

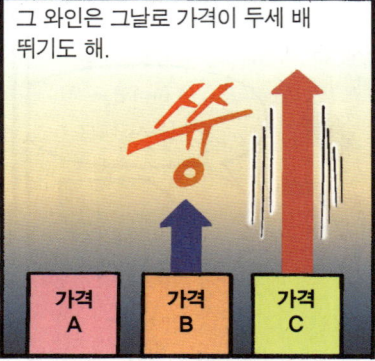

*Robert Parker

❖ 와인가격의 상승

와인이 재산으로 인식되기 시작하면서

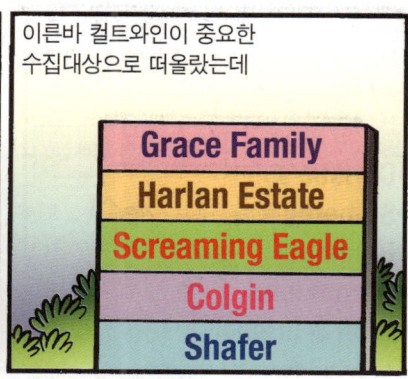
이른바 컬트와인이 중요한 수집대상으로 떠올랐는데

*캘리포니아의 컬트와인들

재산가치를 지닌 컬트와인이라면 적어도 세 가지 조건을 만족시켜야 해.

CULT WINE 컬트와인
종교적 숭배에 가까운 열광적 사랑을 받는 희귀한 와인

첫째, 극히 소량만 생산해 희귀와인으로 구하기 어렵고

한 병 사고 싶은데요!

대기자명단에 올리세요. 10년 뒤면 차례가 올 거예요.

둘째, 재산으로 보유해야 하는 만큼 장기간 보관할 수 있어야 하며

셋째, 품질에서도 뛰어난 전문가들로부터 높은 평가를 받아야 하지.

PP(파커포인트) 95! 최고의 품질!

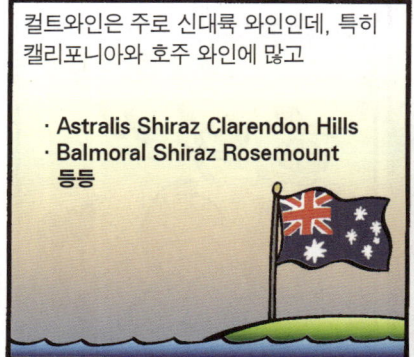
컬트와인은 주로 신대륙 와인인데, 특히 캘리포니아와 호주 와인에 많고

· Astralis Shiraz Clarendon Hills
· Balmoral Shiraz Rosemount
등등

유럽에서도 슈퍼토스카나 같은 이탈리아 와인과

*오르넬라이아 / 재배면적 : 9ha / 카·소, 메를로, 카·프랑 등

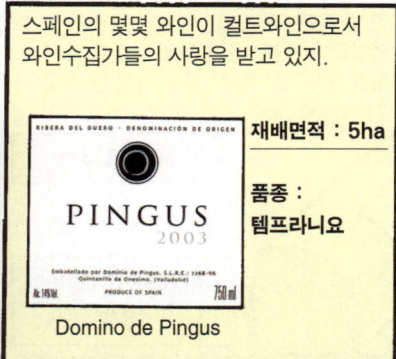
스페인의 몇몇 와인이 컬트와인으로서 와인수집가들의 사랑을 받고 있지.

재배면적 : 5ha
품종 : 템프라니요
Domino de Pingus

세계적인 와인붐으로 인해 와인을 즐기는 소비대중이 크게 늘어났지만

제한된 프리미엄와인(고급와인)을 찾는 애호가도 늘고 있기 때문에

명품패션! 명품와인!

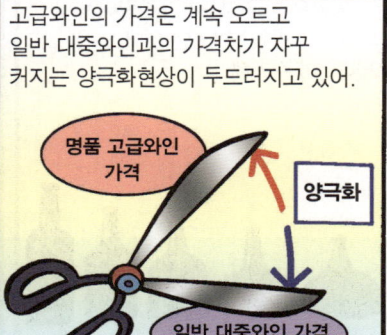
고급와인의 가격은 계속 오르고 일반 대중와인과의 가격차가 자꾸 커지는 양극화현상이 두드러지고 있어.

명품 고급와인 가격
양극화
일반 대중와인 가격

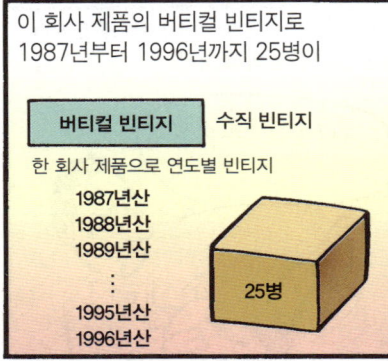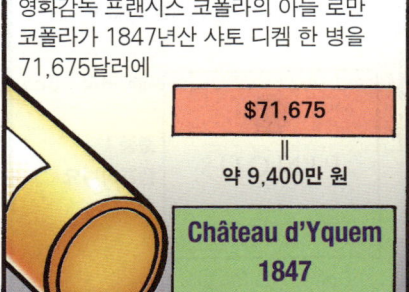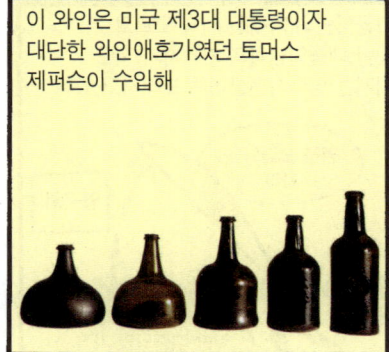

❖ 샤토 마고 1787년산

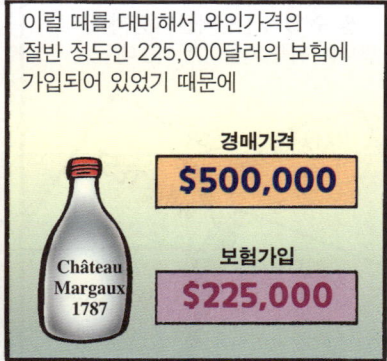
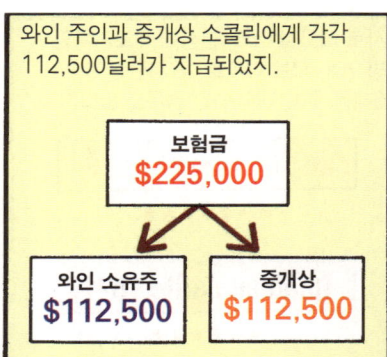

와인의 평가
그러나 평론가도 기호가 있다!

*〈와인을 음미하는 신사들〉: 개빈 해밀턴 그림. 1730년대

기호는 천차만별! 평가는 참고사항일 뿐!

이 세상에는 수만 종에 이르는 와인이 있으니 소비자들이 그 모든 와인을 다 알 수는 없지.

그렇다면 와인을 살 때 도대체 무엇을 기준으로 삼아야 할까?

그거야 내가 좋아하는 와인을 사면 되는 거 아닌가요?

그러면 평생 한두 가지 와인만 마셔야 되는데… 그건 아니지!

어쩔 수 없이 전문가들의 평가와 안내에 귀를 기울이게 되는데

이들이 와인업계에 미치는 영향은 가히 절대적이라고 할 수 있어.

세계적인 와인평론가들은 나름대로 서로 다른 방법에 따라 와인을 평가하는데

세계적인 와인평론가

- Robert Parker
- Hugh Johnson
- René Gabriel
- Stuart Pigott
- Luigi Veronelli
- Michael Broadbent
- Jean-Mare Quarin
- Jancis Robinson
- Armin Diel
- Rohály Gábor

영국 최고의 와인평론가로 알려진 마이클 브로드벤트는

Michael Broadbent
1927. 5.~ 2020. 3

국제와인잡지 Vinum
와인시음잡지 Decanter 창간

런던 크리스티경매장 와인부문 책임자

영국 전통의 와인평가방법에 따라 별점으로 등급을 매기는데

최고등급	★★★★★	별 5개
⋮	⋮	⋮
최저등급	★★	별 2개

샤토 레오빌 1864년산에 최고기록인 별 7개, 샤토 라피트 1871년산에 6개를 주는 등 특이한 경우도 있었지.

Château Léoville 1864
★★★★★★★

Château Lafite 1871
★★★★★★

❖ 로버트 파커

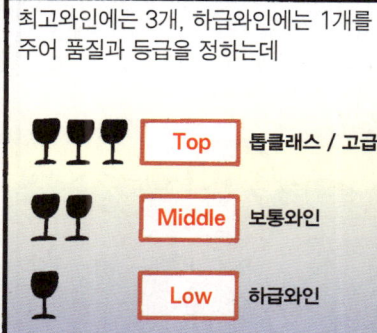

❖ 파커포인트

❖ 파커에 대한 비판

❖ 존 드보르작의 파커포인트 비판

❖ 파커가 선정한 최고의 와인

로버트 파커가 선정한 최고의 와인 12종 (연도별)

- 1975 La Mission-Haut-Brion
- 1976 Penfolds Grange (호주)
- 1982 Château Pichon-Longueville Comtesse de Lalande
- 1986 Château Mouton Rothschild
- 1990 Paul Jaboulet Aîné Hermitage La Chapelle
- 1991 Marcell Chapoutier Côte-Rôtie La Mordorée
- 1992 Dalla Valle Vineyards Maya Cabernet Sauvignon
- 1996 Château Lafite-Rothschild
- 1997 Screaming Eagle, Napa Valley Cabernet Sauvignon (미국)
- 2000 Château Margaux
- 2000 Château Pavie St.-©milion
- 2001 Harlan Estate

1976년 5월 24일
파리의 심판
Judgement of Paris

*〈최후의 심판〉 미켈란젤로

세계 와인산업에 대변혁을 초래한 사건!

1976년까지만 해도 프랑스는 자타 공인 세계 최고의 와인생산국이었어.

프랑스 와인만이 위대하다!

나머지는 모두 허섭스레기!

하지만 1976년 5월 24일, 이 명예는 치욕으로 바뀌고

이 책 중간쯤에서 이미 얘기했죠?

미국 와인이 세계적으로 명성을 얻으면서 신대륙 와인의 가치가 입증되었지.

짜잔

USA

파리에서 와인중개업을 하던 영국인 스티븐 스퍼리어는 1976년 미국 독립 200주년을 기념해

스티븐 스퍼리어
Steven Spurrier

프랑스와 미국 와인 비교시음회를 열자고 제안하면서

캘리포니아 나파밸리 와인이 아주 좋아졌다던데….

최고의 와인을 라벨을 가리고 마셔보는 블라인드 테이스팅을 하자고 했어.

비교시음회를 해보면 아무리 좋은 미국 와인도

프랑스 와인과는 비교가 되지 않는다는 사실이 증명되겠죠!

심사위원은 제안자인 스퍼리어 외에 열 명을 선발 위촉했는데

프랑스 와인
캘리포니아 와인
비교시음회
BLIND TASTING

모두 프랑스인이었을 뿐 아니라 프랑스 와인계의 거물이었어.

팔은 안으로 굽는다고

미국 와인을 봐줄까봐 미국인 심사위원은 사절!

심사위원 10명
전원 프랑스인 와인전문가

이들에게 이 시음회의 결과는 너무나 뻔했지.

미국 와인이 감히 프랑스 와인에 도전을 해? 이 기회에 하늘과 땅 차이를 보여주마!

*La Revue de Vin de France, 1972년 창간

*Château Giscours : 보르도 마고 3등급 그랑 크뤼   **Institute Œnologique de France

출품된 와인의 라벨을 완전히 가리고

와인들에 대한 어떠한 사전정보도 철저히 금지되었어.

이렇듯 순수하게 시음하고 심사위원들의 점수를 합산해 최우수와인을 선정했지.

*왼쪽부터 갈라게, 스퍼리어, 칸

이 시음회는 화이트와인 10종, 레드와인 10종의 순서로 진행되었는데

그 결과가 발표되자 당사자인 프랑스인 심사위원들은 물론 전세계 와인업계가 발칵 뒤집혔어.

이것이 바로 '파리의 심판'이라고 하는 그 유명한 사건이야.

화이트와인 평가결과
부르고뉴와 캘리포니아 샤르도네 와인 비교

1. Chateau Montelena 1973 — 미국
   샤토 몬텔레나
2. Meursault Charmes Roulot 1973 — 프랑스
   뫼르소 샤름 룰로
3. Chalone Vineyard 1974 — 미국
   캘론 바인야드
4. Spring Mountain Vineyard 1973 — 미국
   스프링 마운틴 바인야드
5. Beaune Clos des Mouches, Joseph Drouhin 1973 — 프랑스
   본 클로 데 무슈, 조제프 드루앵
6. Freemark Abbey Winery 1972 — 미국
   프리마크 애비 와이너리
7. Batard-Montrachet, Ramonet-Proudhon 1973 — 프랑스
   바타르-몽라셰, 라모네-프루동
8. Puligny-Montrachet Le Pucelles, Domaine Leflaive 1972 — 프랑스
   퓔리니-몽라셰 르 퓌셀
9. Veedercrest Vineyard 1972 — 미국
   비더크레스트 바인야드
10. David Bruce Winery 1973 — 미국
    데이비드 브루스 와이너리

레드와인 평가결과
( ) 안은 점수   20점 만점

1. Stag's Leap Wine Cellars 1973 — 미국 (14.14)
   스태그스 리프 와인 셀러스
2. Château Mouton Rothschild 1970 — 프랑스 (14.09)
   샤토 무통 로칠드
3. Château Montrose 1970 — 프랑스 (13.64)
   샤토 몽로즈
4. Château Haut-Brion 1970 — 프랑스 (13.23)
   샤토 오브리옹
5. Ridge Vineyards Monte Bello 1971 — 미국 (12.14)
   리지 바인야드 몬테 벨로
6. Château Léoville-las-Cases 1971 — 프랑스 (11.18)
   샤토 레오빌-라스-카스
7. Heitz Wine Cellars 'Martha's Vineyard' 1970 — 미국 (10.36)
   헤이츠 와인 셀러 '마서의 바인야드'
8. Clos Du Val Winery 1972 — 미국 (10.14)
   클로 뒤 발 와이너리
9. Mayacamas Vineyards 1971 — 미국 (9.77)
   마야카마스 바인야드
10. Freemark Abbey Winery 1967 — 미국 (9.64)
    프리마크 애비 와이너리

2권 〈세계의 와인〉으로 이어집니다.

와인의 세계 깊이 들여다보기

부록

세계의 포도 품종 · 올드와인의 레벨 · 1992년 이래 세계 최고의 소믈리에 · 와인병의 크기와 호칭 · 마시기에 적당한 와인의 온도 · 세계의 와인생산 · 와인소비 상위 10개국 · 와인수출 상위 10개국 · 와인수입 상위 10개국 · 와인의 보디 · 세계 50대 블루칩와인 · 세계 50대 컬트와인 · 와인 용어사전 · 참고문헌

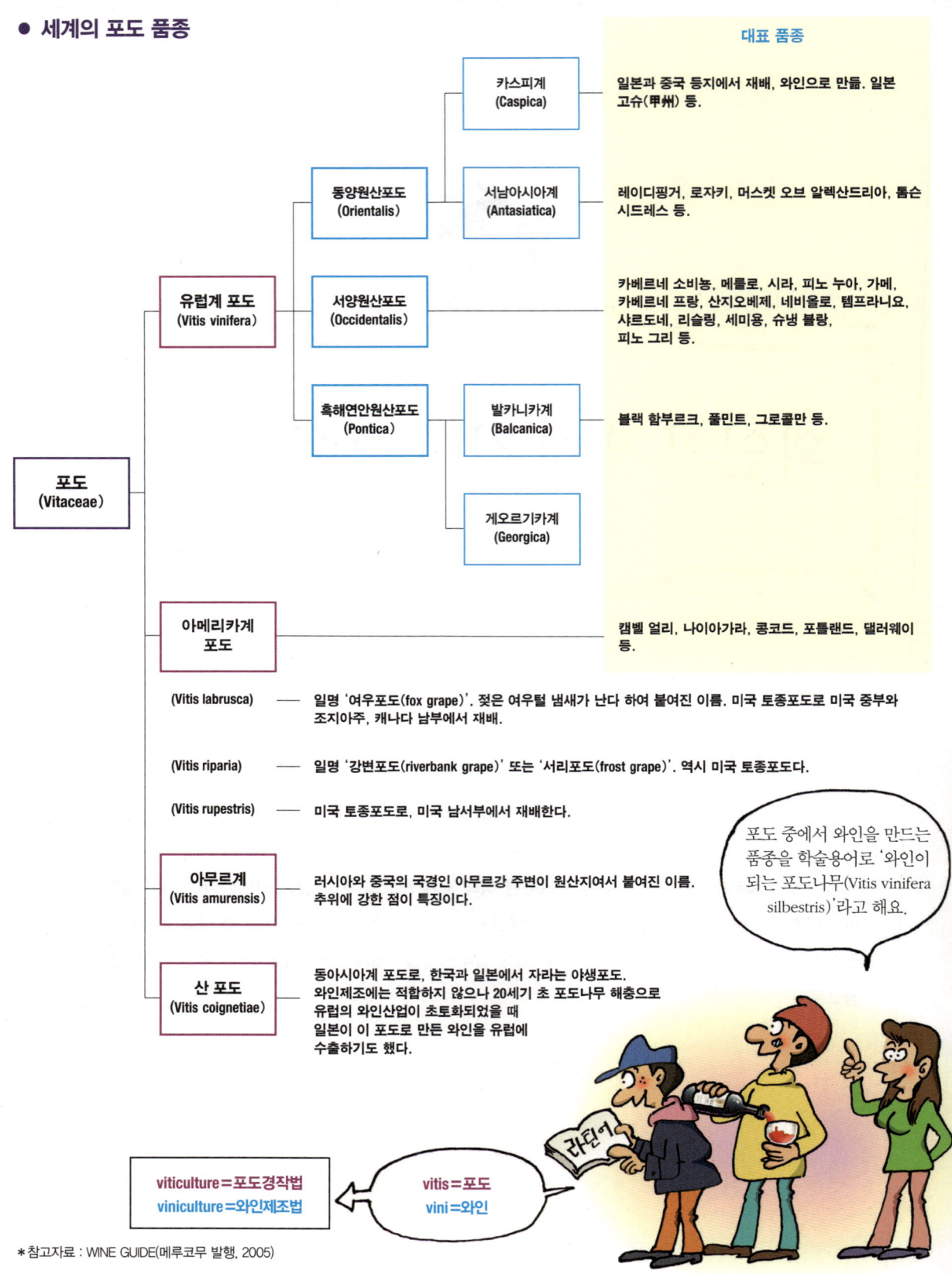

● 올드와인의 레벨

오래된 와인은 코르크마개의 미세한 조직 사이로 증발해 양이 조금씩 줄어든다. 따라서 오래된 와인을 구입할 때에는 그 주위(酒位)를 잘 확인해야 한다. 양심적인 경매인이라면 20년 이상 된 와인을 팔 때 그 레벨을 정확하게 고지한다. 레벨의 명칭은 국제경매에서 공통으로 통한다. 건조한 곳에서는 습한 곳보다 빨리 증발하며, '미들 숄더' 이하는 산화도가 지나칠 수 있으므로 경계해야 한다.

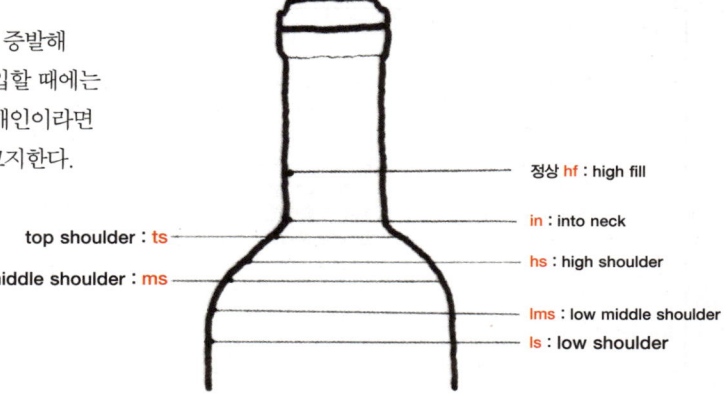

정상 hf : high fill
in : into neck
top shoulder : ts
hs : high shoulder
middle shoulder : ms
lms : low middle shoulder
ls : low shoulder

● 1992년 이래 세계 최고의 소믈리에(월드 베스트 소믈리에 경연 우승자)

- 1992 : 필리프 포르-브라크(Philippe Faure-Brac, 프랑스)
- 1995 : 신야 다사키(Shinya Tasaki, 일본)
- 1998 : 마르쿠스 델 모네고(Markus Del Monego, 독일)
- 2000 : 올리비에 푸시에(Olivier Poussier, 프랑스)
- 2004 : 엔리코 베르나르도(Enrico Bernardo, 이탈리아)
- 2007 : 안드레아스 라르손(Andreas Larsson, 스웨덴)
- 2010 : 제라드 배싯(Gerard Basset, 영국)
- 2013 : 파올로 바소(Paolo Basso, 스위스)
- 2016 : 욘 아르비드 로센그렌(Jon Arvid Rosengten, 스웨덴)
- 2019 : 마르크 알메르트(Marc Almert, 독일)

● 와인병의 크기와 호칭

와인수집가들은 여러 가지 이유로 큰 병을 선호한다. 첫째, 멋진 장식효과가 있다. 둘째, 큰 병에서 더 효과적으로 숙성되는데, 이는 와인에 산소가 고르게 공급되기 때문이다. 대형 파티에서도 큰 병이 자주 사용된다.

보통 0.75l Normal Bottle
매그넘 1.5l Magnum — 샹파뉴에서는 '제로봄'이라 부른다.
더블매그넘 3l Double Magnum
제로봄 5l Jeroboam — 주로 보르도에서 사용.
임페리얼 6l Impériale — 샹파뉴에서는 '메투살렘(Methusalem)'이라 부른다.
살마나자르 9l Salmanasar
발타자르 12l Balthasar
네부카드네자르(나부코) 15l Nebukadnesar

● 마시기에 적당한 와인의 온도(화이트, 레드 와인)

온도	프랑스	이탈리아	독일	스페인	신대륙 와인
6도	Vin de Pays Rosé	Prosecco Frizzante Galestro Pinot Grigio	QbA, Sweet Dry White Winzer-Sparkling	Rosado(Rosé)	White Zinfandel
8도	샹파뉴 화이트 부르고뉴 Sancerre Muscadet 샤블리 드라이 보르도 Rosé de Provence	Prosecco Spumante 남부 티롤 와인 Chardonnay Soave Gavi Arneis	QbA, Kabinett 빈티지 스파클링	Albariño 카바(발포성 와인)	Sauvignon Blanc
10도	Pouilly Fumé 샤블리 그랑 크뤼 뫼르소 게뷔르츠트라미너 리슬링 그랑 크뤼 Tavel Rosé Lirac Rosé de Provence 소테른(Sweet)	Chardonnay Barrique Verdicchio Friuli 화이트와인	Spätlese / Auslese-trocken Beerenauslesen		Fumé Blanc
12도	Puligny-Montrachet Montrachet 코르통-샤를마뉴 뮈지니(화이트) Tokay d'Alsace	Marsala Vin Santo	Grauburgunder Auslese	셰리	Chardonnay Barrique (오크통 숙성 샤르도네)
14도	Vin de Pays 보졸레 프리뫼르	Kalterer See Valpolicella Bardolino Lambrusco	Trollinger		
16도	Vin de Pays Mercury Mâcon Rouge Chinon 보졸레 크뤼 모든 부르고뉴 레드 와인 Bordeaux Supérieur Madiran Côtes-du-Rhône	키안티 Vino Nobile Rosso di Montalcino Barbera d'Alba Merlot del Piave Pinot Nero(남티롤) Lagrein Cabernet Friuli Sangiovese di Romagna Valtellina Rosso	Spätburgunder Dornfelder Lemberger	Valdepeñas	Pinot Noir
18도	Médoc Haut Médoc Pauillac Margaux St.-Émilion Pomerol Graves Cahors Côtes de Languedoc Côtes de Roussillon Côtes de Provence Château neuf-du-Pape Côte Rôtie Hermitage	Chianti Riserva Brunello di Montalcino Aglianico di Vulture Taurasi Barbera d'Asti Barbaresco Barolo Amarone Merlot(남티롤)		Rioja Ribera del Duero Tinto Navarra Priorato	Cabernet Sauvignon Zinfandel Shiraz Pinotage Malbec

세계의 와인생산

순위(1~15)	국가	재배면적(ha)	생산량(hl)	순위(1~15)	국가	재배면적(ha)	생산량(hl)
	유럽				**오세아니아**		
	그리스	112,026	2,416,000	15	뉴질랜드	40,720	2,664,000
9	독일	103,421	8,744,000	5	호주	146,244	14,820,000
13	루마니아	188,891	4,451,000				
	룩셈부르크	1,263	98,000		**아프리카**		
	마케도니아	25,559	936,000	8	남아공	125,586	10,792,000
	몰타	395	11,000		마다가스카르	2,759	78,000
	벨기에	527	13,000		모로코	42,286	409,000
	보스니아	4,873	69,000		알제리	68,202	600,000
	불가리아	65,870	841,000		이집트	84,626	53,000
	세르비아	21,328	705,000		짐바브웨	447	14,000
	스위스	14,629	609,000		튀니지	22,621	350,000
3	스페인	962,531	35,000,000				
	슬로바키아	15,075	346,000		**아메리카**		
	슬로베니아	14,789	581,000		멕시코	35,955	396,000
	알바니아	11,339	159,000	4	미국	393,274	24,070,000
	영국	490	65,000		볼리비아	4,264	84,000
	오스트리아	46,000	2,460,000	14	브라질	80,605	3,600,000
1	이탈리아	718,457	50,232,000	7	아르헨티나	211,099	12,482,000
	체코	17,866	618,000		우루과이	6,413	749,000
	크로아티아	23,063	526,000	6	칠레	209,625	13,436,000
10	포르투갈	194,268	7,359,000		캐나다	13,191	656,000
2	프랑스	797,600	37,648,000		쿠바	1,753	131,000
	헝가리	64,470	2,590,000		파라과이	377	17,000
					페루	40,385	795,000
	동유럽						
	조지아	49,450	2,100,000		**중동**		
12	러시아	97,500	4,522,000		레바논	7,732	100,000
	리투아니아		32,000		키프로스	7,769	66,000
	몰도바	138,000	1,430,000		이스라엘	8,761	200,000
	벨라루시		340,000		튀르키예	419,488	622,000
	아르메니아	16,072	117,000				
	아제르바이잔	17,301	71,000		**아시아**		
	에스토니아		110,000		인도	166,625	180,000
	우즈베키스탄	117,804	169,000		일본	17,738	830,000
	우크라이나	105,000	1,296,000	11	중국	782,600	5,808,000
	카자흐스탄	41,800	660,000		태국	4,934	
	키르기스스탄	13,572	233,000		한국	14,350	
	타지키스탄	35,909	28,000				
	투르크메니스탄	20,387	498,000				

＊1ha=100m×100m=10,000m2   ＊1hl=100l   ＊자료 : OIV 2021년 통계

● 와인소비 상위 10개국
(2021년)

1. 미국
2. 프랑스
3. 이탈리아
4. 독일
5. 영국
6. 중국
7. 러시아
8. 스페인
9. 아르헨티나
10. 호주

자료 : OIV 통계

● 와인수출 상위 10개국
(2021년)

1. 스페인
2. 이탈리아
3. 프랑스
4. 칠레
5. 호주
6. 남아프리카공화국
7. 독일
8. 아르헨티나
9. 미국
10. 포르투갈

● 와인수입 상위 10개국
(2021년)

1. 독일
2. 미국
3. 영국
4. 프랑스
5. 네덜란드
6. 중국
7. 캐나다
8. 벨기에
9. 러시아
10. 이탈리아

● 와인의 보디

가벼운 화이트와인	가벼운 레드와인
Vinho Verde	Beaujolais
Alsace(Pinot Blanc)	Rioja(Crianza)
Sancerre/Pouily-Fumé	Dolcetto
White Burgundy(Macon, some Chablis)	Red Burgundy
Pinot Gris(Oregon, California)	New World Pinot Noir
New World Sauvignon Blanc	Chianit(not Reserva)
Alsace(Pinot Gris, Gewurztraminer, Riesling)	Côtes-du-Rhone
White Bordeaux/Graves	Rioja(Reserva and Gran Reserva)
White Burgundy(fine Chablis and Côte de Beaune whites)	Chianti(Reserva)
Viognier	New World Cabernet Franc
New World Chardonnay	Red Bordeaux
	Merlot
	Primitivo
	Malbec
	Zinfandel
	Syrah/Shiraz/many fine Rhónes
	Brunello
	Super Tuscans
	New World Cabernet Sauvignon
	Northern Rhône(Hermitage and Côte Rôite)
	Barolo and Barbaresco
무거운 화이트와인	무거운 레드와인

● 세계 50대 블루칩와인 (고가와인)

프랑스
Château Mouton-Rothschild
Château Lafite-Rothschild
Château Latour
Château Margaux
Château Haut-Brion
Château d'Yquem
Château Ausone
Château Cheval Blanc
Château Léoville-Las-Cases
Château Pichon Lalande
Château la Mission Haut-Brion
Château Ducru-Beaucaillou
Château Pétrus
Château le Pin
Château l'Evangile
Château l'Eglise-Clinet
Château Lafleur
Romanée Conti / Dom.Rom.-Conti
La Tâche / Dom.Rom.-Conti
Montrachet / Dom.Rom.-Conti
Montrachet / Comtes Lafon
Musigny / Comte de Vogue
Clos de Vougeot / Domaine Leroy
Richebourg / Méo-Camuzet
Château neuf-du-Pape / Rayas
Hermitage La Chapelle / Jaboulet
Hermitage / Jean-Louis Chave
Cornas / Auguste Clape
Côte Rôtie La Mouline / Guigal
Montus Cuvée Prestige / Brumont
Champagne Clos du Mesnil / Krug
Champagne Grand Cru / Sélosse
Champagne Vielles Vignes / Bollinger
Champagne Cuvée S / Salon
Champagne Cristal / Roederer

스페인
Unico / Vega Sicilia
Pesquera Res. Janus / A.Fernandez

포르투갈
Vintage Porto / Taylor's

이탈리아
Sassicaia / Tenuta San Guido
Ornellaia / Tenuta dell'Ornellaia
Solaia / Marchesi Antinori
Sori San Lorenzo / Gaja
Barolo Ris. Monfortino G. Conterno

호주
Grange / Penfolds
Hill of Grace Shiraz / Henschke

미국
Opus One / Robert Mondavi
Dominus / Christian Moueix

오스트리아
Grüner Veltliner Smaragd M / F. X. Pichler
Grande Cuvée / Alois Kracher

독일
Riesling Eiswein / Egon Müller

● 세계 50대 컬트와인 (인기 소량생산 희귀와인)

프랑스
La Tâche / Dom.Rom.-Conti
Montrachet / Dom.Rom.-Conti
La Mondotte / Comtes Neipperg
Valandraud / Jean-Luc Thunevin
La Gomerie / G. et D. Bécot

미국
Cab. S. / Screaming Eagle
Cab. S. / Bryant Family
Cab. S. Eisele Vyd / Araujo
Cab. S. Herb Lamb Vyd / Colgin
Cab. S. Volcanic Hill / Diamond Creek
Maya / Dalla Valle
Harlan Estate
Cab. S. / Grace Family
Cab. S. Hillside Select / Shafer
Cab. S. Howell Mountain / Dunn
Cab. S. Spec. Selection / Caymus
Cab. S. Montebello / Ridge
Pinot Noir / Marcassin

호주
Astralis Shiraz / Clarendon Hills
Balmoral Shiraz / Rosemount
Cab. S. BIN 707 / Penfolds
Cab. S. / Greenock Creek
Cab. S. Merlot / Cullen
Mount Edelstone / Henschke
Odyssey Shiraz / Katnook Estate
Run Rig Shiraz / Torbreck
Shiraz Hanish / Veritas
Shiraz Reserve / Fox Creek
Shiraz Reserve / Noon
Shiraz / Turkey Flat
Spatacus Shiraz / Punter's Corner
Terra Rossa First Growth Parker

남아프리카공화국
Cab. S. Peter Barlow / Rustenberg
Cab. S. / Thelema Mountain
Merlot / Veenwouden
Shiraz / Boekenhoutskloof
Vergelegen

칠레
Almaviva
Montes Alpha M / Montes
Seña

이탈리아
Babera d'Asti Quorum / Hastae
Masseto / Ornellaia
Merlot Vigna l'Apparita / Ama
Montiano / Falesco
Paleo / Le Macchiole
Redigaffi / Tua Rita
Rubino / Palazzola
Tenuta di Trinoro
Vigna Larigi / Elio Altare
Villa Fidelia / Sportoletti

스페인
L'Ermitâ / Alvaro Palacios
Pingus / Domino de Pingus

와인 용어사전

ㄱ

가라페이라(Garrafeira) 약 2년 동안 숙성시킨 뒤 병에 담는 최고급 포르투갈 와인으로, 병입한 뒤에도 병 속에서 오랜 기간 숙성시키기도 한다.

고블레(Goblet) 주로 프랑스의 보졸레, 스페인 등 건조한 지역에서 많이 활용되는 포도나무 재배법으로 고블레잔 모양으로 가지를 묶는다. 사람의 수작업이 많이 필요하지 않아 편리하다. 성장을 제약할 필요가 없는 품종이나 태양빛을 많이 받고 비가 오지 않는 지역에 적합하다.

귀부병(Noble rot) 건조한 기후의 가을볕을 받아 수확하기 좋은 상태의 포도를 일부러 부패시켜 보트리티스 시네레아를 침투시키면 생기는 병. 포도껍질부터 부패시켜 쭈글쭈글하게 만든다. 이 상태의 포도를 압축시키면 당도가 가장 높다.

귀부와인(Botrytized wine) 보트리티스균이 침투한 포도로 만든 와인을 일컫는 말.

그랑드 마르크(Grande marque) 샹파뉴 지방의 그랑드 마르크 협회에 등록된 샹파뉴업체를 일컫는 말로, 자신들의 상표로만 와인을 생산 판매한다. 현재 28개 업체가 샹파뉴하우스를 이끌고 있다.

그랑 레제르바(Gran reserva) 아주 좋은 와이너리에서 만든 스페인의 레드와인. 이 와인은 숙성기간이 법으로 정해져 있다. 바리카(참조)에서 최소 3년 이상 숙성해야 한다.

그랑 뱅(Grand vin) 샤토에서 가장 좋은 포도로 만든 와인이라는 뜻으로, 보르도 지방에서 사용하는 용어다.

그랑 크뤼(Grand Cru) 최상급 프랑스 와인. 프랑스 보르도, 부르고뉴, 알자스 지방에서는 최고급 포도원과 최고급 와인을 만드는 마을을 가리킨다.

그레이병(Grey rot) 우박이나 해충의 피해로 부패한 포도를 일컫는 말. 귀부병(참조)의 원인균과 뿌리가 같다. 그레이병은 수확에 엄청난 영향을 미쳐서 그해 와인생산 전체가 불가능해질 정도가 되기도 한다.

ㄴ

네고시앙(Négociant) 와인을 구입해 숙성, 블렌딩한 뒤 병입해 판매하는 와인상인이나 중간 제조업자를 일컫는 프랑스어.

누벨로(Novello) '새로운'이라는 뜻의 이탈리아어.

누보(Nouveau) 햇포도로 담근 와인을 일컫는 프랑스어.

ㄷ

데고르주망(Dégorgement, disgorging) 스파클링와인 제조과정 가운데 하나로, 2차발효 뒤 발생하는 찌꺼기를 제거하는 일을 일컫는다. 샴페인의 투명도와 당도를 조절하기 위해 이 과정을 거치는데, 병목에 있는 소량의 원액을 코르크마개와 함께 급속 냉각시켜 동시에 제거한다.

도멘(Domaine) 샤토와 같은 뜻. 부르고뉴 지방의 포도원을 가리킨다.

도사주(Dosage) 첨가물을 가미한다는 뜻으로, 스파클링와인을 데고르주망(참조)한 뒤 그 안에 브랜디와 설탕을 첨가한다. 당도에 따라 브뤼(brut, 리터당 15그램), 엑스트라 드라이(extra dry, 리터당 12~20그램), 섹(sec, 리터당 17~35그램), 드미섹(demi-sec, 리터당 33~50그램)으로 나눈다.

도세(Doce) 단맛이 많이 나는 포르투갈 와인.

두(Doux) 리터당 45그램의 설탕을 가미해 만든 스파클링와인 가운데 가장 달콤한 와인.

둘세(Dulce) 단맛이 많이 나는 이탈리아와 스페인의 와인.

드라이(Dry) 당도가 없거나 가장 낮은 상태를 표현할 때 쓰는 말로, 제일 드라이한 스파클링와인을 브뤼(참조)라고 부른다.

드미섹(Demi-sec) 당도와 드라이한 정도가 중간인 스파클링와인.

디캔팅(Decanting) 병 속에 있는 와인을 디캔터라는 바닥이 넓고 주둥이가 긴 투명한 유리나 크리스털 병으로 옮겨 담는 작업. 이 과정을 거친 와인은 산소와의 접촉을 통해 맛과 향이 살아난다.

DO(Denominación de Origen) 스페인 고급와인 가운데 가장 일반적인 등급.

DOC(Denominación de Origen Calificada) 스페인에서 최상급와인 종류를 표시하는 약자.

DOC(Denominazione di Origine Controllata) 이탈리아 최상급와인.

DOC(Denominação de Origem Controlada) 프랑스의 AOC와 비슷한 포르투갈의 와인인증기준.

DOCG(Denominazione di Origine Controllata e Garantita) DOC 와인보다 더 최상의 이탈리아 와인.

ㄹ

란시오(Rancio) 산화 혹은 갈변시킨 와인. 색깔이 진하고 알코올 함량이 높은 스페인 카탈루냐 지방의 와인을 가리키기도 한다.

란트바인(Landwein) 원래는 지방 와인을 뜻한다. 이 와인의 가장 하위에 있는 것이 타펠바인(참조)이다.

랑드망(Rendement) '수확'이라는 뜻의 프랑스어.

래킹(Racking) 와인에 생긴 침전물을 제거하기 위해 다른 통으로 이동하는 과정. 과즙이나 와인을 정치시켜 찌꺼기를 가라앉힌 뒤 맑은 상등액만 따라낸다.

레제르브(Réserve) 유럽에서는 합법적인 조건하에서만 라벨에 명시할 수 있는 용어로, 같은 해에 생산된 포도로 만든 다른 와인보다 오래 숙성시켜 생산한 와인에 사용된다. 일반적으로 다른 와인들보다 높은 가격에 팔리지만 품질이 반드시 그에 비례하는 것은 아니다. 레드와인은 숙성창고 안에서 약 3년, 화이트와인과 로제와인은 숙성창고에서 2년, 바리크에서 6개월 정도 숙성시켜야 이 용어를 사용할 수 있다. 스페인어로는 레제르바(Reserva), 영어로는 리저브(Reserve)라고 한다.

레치오토(Recioto) 포도즙을 내기 전에 일정 시간 건조시킨 포도로 만든 달콤한 이탈리아 레드와인.

레콜트(Récolte) 수확 혹은 수확물이라는 뜻의 프랑스어.

로사도(Rosado) 로제와인의 스페인어. 이탈리아어로는 로사토라고 한다.

로티(Rôti) '구운'이라는 뜻의 프랑스어. 귀부병에 걸린 포도송이로 만든 달콤한 와인맛의 성격을 표현할 때 쓰는 말이다.

루비(Ruby) 3년 정도 숙성시킨 포르투갈의 포트와인을 일컫는 말.

리제르바(Riserva) 통이나 병에 넣고 일반 숙성시간보다 좀더 지난 이탈리아의 DOC나 DOCG 와인 종류.

리치(Rich) 매우 달콤한 스파클링와인.

리쿠오로조(Liquoroso) 디저트용 주정강화와인.

ㅁ

마데라이즈드(Maderized) 지나친 산화나 과열, 오랜 숙성으로 와인이 상하게 된 것을 말한다. 이런 와인은 호박색을 띠며, 마데이라와인의 캐러멜향과 비슷한 향이 난다. 마데이라와인에서 유래된 표현이다.

만사니야(Manzanilla) 가장 드라이하고 가벼운 스페인 셰리.

매그넘(Magnum) 표준 와인병의 두 배 크기, 1.5리터가 들어가는 병을 일컫는다. 0.75리터들이의 보통 와인병보다 매그넘에서 더 좋은 와인으로 숙성된다.

머스트(Must) 으깨고 압축해 만든 발효 전 포도즙 상태를 일컫는 말. 알코올 발효 전 상태를 총칭한다.

메토드 뤼랄(Méthode rurale) 스파클링와인 만드는 방법을 일컫는 말. 탄산을 만들기 위해, 적당하게 발효가 되면 와인을 병에 담아 밀봉한다.

메토드 트라디시오넬(Méthode traditionnelle) EU의 승인을 받아 프랑스 샹파뉴 지방에서 스파클링와인을 만들 때 쓰는 제조방법을 일컫는 말. 기본 와인이 들어 있는 병 속에 티라주(tirage)라는 효모와 당의 혼합용액을 넣는다. 이때 당이 많이 첨가되면 압력이 높아져 병이 깨진다. 잘 밀봉한 다음 서늘하고 어두운 곳에서 2차발효시킨다. 2차발효는 새로 첨가된 당과 효모가 샹파뉴의 거품이 되는 이산화탄소를 생성하는 것을 말한다. 2차발효 후 적어도 18개월 이상 숙성시켜야 고급 샹파뉴를 얻을 수 있다. 이탈리아어로는 메토도 클라시코 혹은 메토도 트라디지오날이라고 부른다.

모스토(Mosto) 과당제로 사용하는 으깬 포도를 일컫는 이탈리아어.

무알뤼(Moelleux) 달콤한 화이트와인을 일컫는 프랑스어.

뮈타주(Mutage) '강화'라는 뜻의 프랑스어.

미디엄(Medium) 아몬티야도(참조) 셰리의 당도를 표현할 때 쓰는 말.

미스텔(Mistelle) 포도즙에 증류주를 첨가해 만든 강화와인을 일컫는 말로 일반 와인보다 더 강하고 달콤하다.

밀레짐(Millésime) 빈티지를 뜻하는 프랑스어.

ㅂ

바리에탈(Varietal) 단품종 포도나무로 만든 와인을 일컫는 말이다.

바리카(Barrica) 와인을 숙성시키거나 숙성된 와인이 담긴 통을 일컫는 스페인어. 보통 225리터들이다.

바리크(Barrique) 프랑스 보르도 지방에서 225리터짜리 오크통을 일컫는 말. 지금은 와인을 숙성시킬 때 쓰지만, 전에는 운송용으로 사용했다. 1바리크는 지역마다 용량이 다르다. 이탈리아 무스카데 지역에서는 228리터, 앙주와 투렌에서는 232리터다. 프랑스는 와인을 숙성시키는 통의 명칭과 용량이 지역마다 다르다(푸드르 참조).

방당주(Vendange) 포도수확을 일컫는 프랑스어.

방당주 베르트(Vendange verte) 있는 그대로 해석하면 '그린 빈티지'라는 뜻의 프랑스어다. 초여름에 포도의 생산량을 조절하기 위해 덜 익은 포도송이를 따버리는 과정을 말한다.

방당주 타르디브(Vendange tardive) 늦은 수확을 일컫는 프랑스어. 달콤한 알자스 와인을 가리킬 때 쓴다.

배합(Assemblage, 아상블라주) 서로 다른 품종, 포도원, 지역의 와인을 혼합하는 기술로 블렌딩(blending)이라고도 한다. 대개 특급비밀로 방법을 공개하지 않는다.

뱅 그리(Vin gris) 흑포도로 만든 로제와인의 한 종류. 흑포도나 청포도나 알맹이는 흰색이기 때문에 와인의 색은 포도껍질이 결정한다.

뱅 두 나튀렐(Vin doux naturel, VDN) 잔당을 보존하기 위해 천연설탕으로 강화해 풍부한 맛을 내는 와인을 일컫는 프랑스어.

뱅 드 가르드(Vin de garde) 숙성시켜 만든 와인.

뱅 드 구트(Vin de goutte) 프리 런 주스 참조.

뱅 드 라네(Vin de l'année) 가장 최근에 생산된 와인.

뱅 드 리쾨르(Vin de liqueur) 미스텔 참조.

뱅 드 타블(Vin de table) 프랑스에서 가장 낮은 등급의 와인. 특별한 기원이 있는 것은 아니나 브랜드를 달고 판매되는 편이다.

뱅 드 파유(Vin de paille) 밀짚을 깔고 그 위에서 건조시킨 포도로 만든 달콤한 와인.

뱅 드 페이(Vin de pays) 지방 와인을 일컫는 프랑스어. 뱅 드 타블(참조) 가운데 최상 등급이다.

뱅 드 프레스(Vin de presse) 프레스드 주스 참조.

뱅 산토(Vin santo) 건조한 포도로 만든 파시토(참조) 와인.

뱅 오르디네르(Vin ordinaire) 규격화된 뱅 드 타블 와인으로, 일상적으로 쉽게 접할 수 있다.

뱅 존(Vin jaune) 프랑스 쥐라 지역에서, 사바냉 품종으로 오크통에서 장기 숙성시켜 만드는 와인. 16도 이상의 높은 알코올 도수를 지닌다.

버드버스트(Budburst) 1년 된 포도나무의 첫 눈이 트는 상태를 일컫는 말.

베레종(Véraison) 과일이 변색되면서 포도가 상하는 단계를 일컫는 프랑스어.

베렌아우스레제(Beerenauslese) 농익은 포도송이만 골라 만든 독일과 오스트리아의 와인으로 매우 달다.

베키오(Vecchio) 오랜 기간 통이나 병에 넣고 숙성시킨 와인을 일컫는 이탈리아어.

보데가(Bodega) 와인을 저장하는 곳을 일컫는 스페인어로 주로 지상에 있다.

보디(Body) 와인의 알코올 함량과 거기서 생성되는 복합적인 맛의 기운을 묘사할 때 쓰는 말로, 입안에서 느끼는 무게감을 표현한다.

보르도액(Bordeaux mixture) 부이이 보르들레즈 참조.

보메(Baumé) 프랑스의 당도단위. 당분이 발효되어 생성되는 알코올 농도와 거의 비슷하다.

보트리티스 시네레아(Botrytis cinerea) 귀부병의 원인으로 알려진 곰팡이의 학명. 포도의 당도를 응축시키는 역할을 한다. 보트리티스균의 감염으로 썩은 포도는 세상에서 가장 귀한 스위트와인이 된다. 보르도의 소테른, 헝가리의 토카이, 트로켄베레아우스레제 와인이 여기에 속한다.

복제를 통한 도태(Clonal selection) 병충해에 강하고 생장이 빠르며 높은 생산성을 보이는 품종으로 포도나무를 복제하는 방식.

부이이 보르들레즈(Bouillie bordelaise) 보르도액의 다른 말. 황산동과 석회로 만든 흰곰팡이 살균제.

부케(Bouquet) 숙성된 와인향을 묘사하는 용어. 젊은 와인이 갖고 있는 포도 자체의 향인 아로마와 달리, 발효되어 발생하는 3차 아로마를 뜻한다.

부티크 와이너리(Boutique winery) 미국과 호주에서 양질의 와인을 생산하는 작은 와이너리를 일컫는 말.

브라운 셰리(Brown sherry) 적갈색의 짙은맛을 내는 셰리주.

브라운 와인(Brown wine) 짙은색을 띠는 화이트와인.

브랑코(Branco) 화이트와인을 뜻하는 포르투갈어.

브뤼(Brut) 보통 드라이한 샴퍄뉴 종류에 쓰는 말로, 넓게는 스파클링와인을 일컫는 명칭이다.

브뤼 나튀르(Brut nature) 아주 드라이한 스파클링와인.

블랑 드 누아(Blanc de Noir) 흑포도로 만든 화이트와인.

블랑 드 블랑(Blanc de Blanc) 청포도로 만든 화이트와인을 일컫는 프랑스어. 일반적으로 샤르도네로 만든 스파클링와인을 말한다.

블러시(Blush) 캘리포니아에서 생산하는 달콤한 핑크빛 로제와인.

블렌딩(Blending) 배합 참조.

비냐(Vigna) 포도원(와이너리)의 이탈리아어.

비노 다 타볼라(Vino da tavola) 테이블와인을 일컫는 이탈리아어.

비노 드 크리안사(Vino de crianza) 2년 동안 저장한 머스트로 만든 상급와인을 뜻하는 스페인어. 바리카(참조) 안에서 최소 6개월 이상 숙성시켜야 한다.

비노 호벤(Vino joven) 젊은 와인을 일컫는 스페인어. 개봉과 동시에 모두 마시는 게 좋다. 비노 델 아뇨(vino del ano)로도 알려져 있다.

비뇨블(Vignoble) 포도원의 프랑스어로, 한 지역의 포도원을 일컬을 때 쓴다. 예를 들면 보르도 비뇨블.

비뉴롱(Vigneron) 포도를 재배하는 사람을 일컫는 프랑스어.

비뉴토(Vigneto) 포도원의 이탈리아어.

빈티지(Vintage) 원래는 포도수확을 뜻하는 말이지만, 일반적으로 특정 수확연도를 가리킨다.

VdM(Vino de Mesa) 스페인의 일반적인 테이블와인. 기원이나 빈티지를 알 수 없다.

VDQS(Vin Délimité de Qualité Supérieure) 프랑스 AOC 아래 등급 와인.

VdT(Vino de la Tierra) 지방 와인을 일컫는 스페인어.

ㅅ

산도(Acidity) 와인은 다양한 신맛을 갖고 있다. 이는 포도의 타르타르산에서 생성되는 맛으로, 발효과정에서 생긴다. 산도는 와인에서 가장 중요한 요소 가운데 하나다. 와인에서 신맛이 빠지면 밋밋해진다. 그러나 와인의 산도가 지나치면 입안에서 날카로운 맛을 낸다. 와인맛의 섬세함을 결정하는 요소다.

산화(Oxidation) 공기 중의 산소가 바로 와인과 접촉하면서 일어나는 일련의 현상을 일컫는 말로, 색과 맛이 변하는 요인이 된다. 이런 변화는 와인에 해를 주기도 하지만, 어떤 와인들은 일부러 산화과정을 거치기도 한다.

샤르마(Charmat) 방식 스파클링와인을 만드는 방법. 스파클링와인은 두 번 발효시켜 만든다. 1차는 정상적인 와인을 만드는 과정과 같고, 그 와인에 설탕과 효모를 넣고 탄산을 발생시켜 2차 발효과정을 거친다.

샤토(Château) 프랑스어로 일반적으로는 성(城)을 일컫지만, 포도원을 지칭하는 와인용어로 쓰인다.

샤프탈리자시옹(Chaptalization, 가당) 와인의 알코올 함량을 높이기 위해 포도즙에 설탕을 첨가하는 방법.

세파주(Cépage) 포도 품종을 일컫는 프랑스어.

섹(Sec) 드라이함을 일컫는 말. 스파클링와인에서 섹은 미디엄 드라이를 뜻한다. 스페인과 포르투갈에서는 세코(Seco), 이탈리아에서는 세코(Secco)라고 한다.

셰(Chai) 병에 담기 전 와인을 저장하는 곳으로, 지상에 있다. 보통 보르도 메독의 저장고가 이런 방식이다.

셰프 드 퀼튀르(Chef de culture) 와이너리 운영자 혹은 설립자.

솔라르(Solar) 프랑스의 샤토와 비슷한 의미의 포르투갈어.

솔레라(Solera) 셰리를 블렌딩하는 기법을 일컫는 말.

수페리오레(Superiore) 표준 DOC 와인보다 알코올 함량이 높은 와인을 표현할 때 쓰는 이탈리아어.

순위등급(Classed growth) 프랑스어 '크뤼 클라세'의 영어 표현.

쉬르 리(Sur lie) 발효탱크에서 바로 병에 담는 와인에 쓰는 용어. 즉, 발효가 끝나고 가라앉은 찌꺼기 위에서 숙성시킨 와인으로 특수한 향이 생긴다.

스공 뱅(Second vin) 샤토에서 생산된 두 번째 와인으로 그랑 뱅의 반대개념으로 쓰인다.

스파클링(Sparkling) 와인 이산화탄소를 함유한 와인 종류를 일컫는 말. 와인병을 열면 기포가 올라온다. 스파클링와인은 메토드 트라디시오넬(참조)과 샤르마(참조), 퀴브 클로스 등의 방법으로 만든다. 효과적으로 스파클링와인을 만들기 위해 이산화탄소를 첨가하기도 한다.

스페틀레제(Spätlese) 늦게 수확한 포도로 만든 독일의 QmP 와인을 일컫는 말. 일부러 약간 상한 포도송이를 사용하기 때문에 훨씬 단맛이 난다. 기본적으로 드라이하다.

스푸만테(Spumante) 스파클링와인을 의미하는 이탈리아어.

신 크리안사(Sin crianza) 1년 정도 스테인리스통에서 숙성하고 6개월 동안 병숙성하는 스페인 와인.

ㅇ

아데가(Adega) 포도원을 뜻하는 포르투갈어.

아로마(Aroma) 포도열매 자체에서 나는 신선한 과일향. 전문가들은 아로마를 세 단계로 분류한다. 1차 아로마는 이미 포도 자체에 함유되어 있으며 주로 포도껍질 안쪽에 붙어 있는 냄새물질에 의해 생긴다. 이 아로마는 포도 품종에 따라 전형적인 향을 발산한다. 2차 아로마는 발효시 효모의 작용에 의해 생긴다. 1차와 2차 아로마는 숙성 초기에는 와인의 매력을 더해주지만 몇 달 지나지 않아 강도가 떨어진다. 와인이 좀더 숙성되면 3차 아로마가 생기는데, 이를 부케라 부른다. 3차 아로마는 주로 버섯, 가죽, 모피, 타르 또는 석유냄새 등을 연상시킨다.

아마빌레(Amabile) '부드럽고 사랑스럽게'라는 뜻의 이탈리아어로, 아보카토(참조)보다 더 달콤한 와인이다.

아몬티야도(Amontillado) 스페인 셰리의 표준형인 피노를 더 숙성시킨 것이다. 피노보다 앰버(참조)가 짙으며, 견과류의 깊은 맛이 난다.

아보카토(Abboccato) 약간 달콤한 와인을 뜻하는 이탈리아어.

아우스레제(Auslese) 잘 익은 포도만 골라 만든 독일과 오스트리아의 고급와인. 드라이한 아우스레제의 생산량이 늘고 있는 추세다.

아우스브루크(Ausbruch) 늦게 수확한 포도로 만든 대표적인 오스트리아 와인으로, 베렌아우스레제(참조)보다 달고, 트로켄베렌아우스레제(참조)보다는 덜 달다.

아이스바인(Eiswein) 아이스와인이라는 뜻의 독일어.

언 상태의 포도는 수분만 얼어 있는 상태이기 때문에 소량의 농축된 포도즙을 추출할 수 있어, 당도가 매우 높은 와인이 된다.

안정화(Stabilize) 병입한 와인의 상태가 그대로 유지되도록 취하는 조치. 냉동, 저온살균, 래킹, 필터링과 같은 방법을 사용한다. 일반적으로 안정화과정에 들어가면 와인 상태가 더 발전하지 않는다.

안토시아닌(Anthocyanin) 포도껍질에 있는 색소. 젊은 와인이 보랏빛을 띠는 것은 안토시아닌이 덜 숙성했기 때문인데, 시간이 흐르면 타닌이 생성되어 점차 루비빛으로 변한다.

알코올(Alcohol) 와인을 형성하는 요소 가운데 하나지만 꼭 필요한 것은 아니다. 포도를 으깨 즙을 내고 여기에 설탕을 넣는데, 이산화탄소와 대기 중의 열이 섞여 발효된다. 이 과정에서 알코올이 생성된다. 와인의 알코올도수는 7~15도로 다양하다.

압축(Pressing) 포도즙이나 와인을 생산하기 위한 한 과정.

앙금(Lees) 발효탱크 바닥에 가라앉은 침전물을 말한다. 다른 말로 재강, 지게미라 하기도 한다. 효모, 씨, 포도껍질, 펄프, 줄기 등으로 이루어져 있다. 통갈이과정을 통해 제거된다.

앙세파주망(Encépagement) 포도원에서 재배하고 있는 포도 품종들의 비율. 주로 보르도 지역에서 사용한다.

앰버(Amber) 화이트와인의 깊은 황금빛 정도를 말할 때 쓰는 용어다. 이 색감은 산화 정도에 따라 달라진다.

앰펠로그라피(Ampelography) 포도의 분류를 연구하는 학문.

엘레바주(Elevage) 원래는 목축이라는 뜻의 프랑스어. 발효에서 병입까지 와인제조 전반, 즉 정제, 여과, 블렌딩, 필터링 등 일련의 과정을 말한다.

오이디움(Oïdium) 포도의 꽃, 잎, 과실을 공격하는 흰가루병.

올로로소(Oloroso) 플로르 효모를 쓰지 않은 스페인 셰리. 진정한 올로로소는 드라이하면서도 풍부한 맛을 낸다.

와인 선물시장(En primeur) 병입되지 않은 와인을 거래하는 시장.

INAO(Institut National des Appellations d'Origine) 전국원산지호칭관리원. AOC(참조)의 세부내용을 정한다.

2차발효(Fermentation, malolactic) 당분이 알코올로 발효된 뒤 일어나는 느린 발효. 젊은 와인에 있는 사과산이 이때 발생하는 박테리아에 의해 젖산과 이산화탄소로 분해된다. 이 과정을 거친 와인은 맛이 부드럽고 세련돼진다.

이산화황(Sulphur dioxide) 산화 방지, 잡균오염 방지 등에 효과가 있어 적절한 양을 사용할 수 있다. 와인을 오래 보존하는 데 필수적이며 와인뿐만 아니라 일반약품이나 음료 등에 널리 사용된다.

1차발효(Fermentation, alcoholic) 효모가 당분을 알코올과 이산화탄소로 분해하는 과정을 일컫는다.

AOC 원산지호칭제한제도. AOC는 농산품과 식료품 분야의 호칭을 법규에 의해 통제하는 체계다. 승인절차의 세부내용은 INAO(참조)가 정한다. 규제내용은 생산지역, 포도 품종, 포도의 당분 함유량과 최저 알코올 함유량, 헥타르당 최대 수확량, 포도재배법과 양조법 등의 조건을 걸고 와인양조업자들이 철저히 지키도록 통제하고 있다. 이것이 명시된 경우 O위치에 지역명이 들어간다.

엑스트라 드라이(Extra dry) 스파클링와인이나 일반 와인의 한 종류. 도사주 참조.

NV 빈티지가 없는(non-vintage) 스파클링와인을 의미한다.

ㅈ

잔당(Residual sugar) 발효 후에도 와인에 남아 있는 포도에서 나온 천연 과당.

잡종(Hybrid) 두 개의 와인품종을 교배한 것.

저온살균(Pasteurization) 하위등급의 와인을 안정화시키기 위해 미생물을 제거하는 방법이다. 와인을 이처럼 저온살균하거나 우유처럼 끓여서 만들기도 한다.

접목(Grafting) 포도나무뿌리혹벌레(phylloxera)의 피해를 막기 위해 이 균에 저항성이 있는 포도나무에 접목하는 방법.

정제(Fining) 병입 전에 와인의 투명도를 위해 벤토나이트나 계란 흰자와 같은 응고제를 사용해 와인 중에 있는 부유물질을 제거하는 과정.

주정강화와인(Fortified wine) 알코올도수나 당도를 높이기 위해 발효 중 또는 발효가 끝난 후 브랜디를 첨가한 와인으로 셰리, 포트(Port), 마데이라(Madeira), 마르살라(Marsala), 프랑스 뱅 드 리쾨르(Vin de liqueur) 등이 대표적이다.

ㅊ

추출물(Extract) 와인에 녹아 있는 물질을 말한다. 추출물이 많을수록 풍부한 보디감을 느낄 수 있다.

침전물(Deposit) 와인을 오래 보관하면 생기는 찌꺼기. 화이트와인은 투명하게 반짝이는 타르타르산염의 결정체가 생기고, 레드와인은 타닌과 색소에 의한 복합물이 남는다. 이를 제거하기 위해서도 디캔팅(참조)을 한다.

ㅋ

카르타(Charta) 미디엄 드라이와 드라이한 리슬링 와인을 생산하는 독일의 라인가우 지방 사람들이 제조방법을 공유하는 협회.

카바(Cava) 와인저장고를 뜻하는 스페인어. 스페인에서 메토드 트라디시오넬(참조)로 만든 스파클링와인이나 그리스에서 양질의 테이블와인을 일컫는 말로도 쓰인다.

카브(Cave) 와인저장고를 뜻하는 프랑스어로, 주로 지하에 있다.

카브 코오페라티브(Cave coopérative) 와인협동조합을 일컫는 프랑스어.

카비네트(Kabinett) 독일과 오스트리아의 와인등급으로 QmP 등급의 하나. 이 등급은 수확 당시 포도의 당도로 나뉘는데, 당도가 제일 낮은 것을 가리킨다.

칸티나 소치알레(Cantina sociale) 이탈리아의 협동 와이너리를 일컫는 말로, 칸티나는 와인저장창고를 뜻한다.

캐노피관리법(Canopy management) 덮개를 덮어 포도를 재배하는 방식.

캡(Cap) 레드와인을 발효할 때 위로 떠오르는 포도씨, 껍질, 줄기를 통칭하는 말.

컬터바(Cultivar) 남아프리카공화국의 와인용 포도 품종.

코르크(Corked) 와인 썩은 코르크 때문에 와인에서 썩은 마분지 냄새가 나는 경우로, 보통 'corkey되었다'고 이야기한다. 그러나 와인에 떠 있는 코르크조각은 맛에 영향을 미치지 않는다.

콜라주(Collage) 정제 참조.

쿠르티에(Courtier) 소규모 업자의 와인을 구매해 네고시앙(참조)에게 중개하는 와인브로커.

쿨뤼르(Coulure) 병충해를 입었거나 비가 와서 포도농사를 망친 경우를 일컫는 프랑스어.

퀴베(Cuvée) 원래는 퀴브(참조) 한 통의 양을 지칭하는 말이나 보통 블렌딩한 후의 최종 와인 결과물을 뜻한다.

퀴브(Cuve) 발효과정에 사용하거나 와인을 저장할 때 쓰는 통.

크레망(Crémant) 프랑스 샹파뉴 이외의 지역에서 생산하는 스파클링와인을 일컫는다. 메토드 트라디시오넬 방식으로 제조한다.

크뤼(Cru) 특정 포도원에서 생산된 고품질 와인을 일컬으며, 원래는 '자람(growth)'을 뜻하는 프랑스어.

크뤼 부르주아(Cru bourgeois) 1855년 등급심사에 들지 못한, 보르도 메독의 최상등급 포도원보다 한 등급 아래의 포도원을 뜻하는 말. 그러나 여기서도 고품질와인이 생산된다.

크뤼 클라세(Cru classé) 순위등급이라는 뜻의 프랑스어.

크림(Cream) 단맛이 나는 올로로소(참조) 셰리. 보통 어두운 색감이다.

클라레(Claret) 가벼운 보디감과 색감의 레드와인. 클레레(Clairet)와 같은 뜻이다. 일반적으로 연한 보르도 레드와인을 일컫는다.

클라시코(Classico) 유서 깊은 와인생산지를 뜻하는 이탈리아어로, 엄격하게 규정된 특정지역을 일컫는다.

클로(Clos) 담장으로 둘러싸여 경계가 명확한 포도원을 뜻하며, 주로 부르고뉴 지방에서 쓰이는 용어다.

클로닝(Cloning) 우수한 식물의 유전자를 추출해 여러 개로 확대시키는 원예유전기술. 모두 동일한 유전자를 갖게 되면, 모든 식물은 동일하게 우수한 품종이 된다.

클리마(Climat) 기후를 뜻하는 프랑스어로, 프랑스 부르고뉴 지방에서는 특정 와이너리를 가리킨다.

QbA(Qualitätswein eines bestimmten Anbaugebeites) 독일의 와인등급 중 하나. QmP 등급 바로 아래 단계.

QmP(Qualitätswein mit Pradikat) 독일의 와인등급 중 하나. 최상위 등급. QbA와 QmP 와인의 차이점은 포도수확기와 설탕첨가의 정도다. QmP 와인은 머스트의 농도에 따라 여섯 단계로 나뉜다.

ㅌ

타닌(Tannin) 포도의 씨, 껍질, 줄기 또는 오크통의 재료가 되는 참나무에 포함되어 있는 페놀 성분으로 와인 양조과정을 통해 와인에 첨가되는 성분이다. 타닌이 많은 경우에는 덜 익은 감을 먹었을 때와 같이 입이 마르고 텁텁한 느낌을 받게 된다. 그러나 이 타닌이 중요한 이유는 와인의 장기숙성 가능성과 직접적인 관계가 있기 때문이다. 타닌은 방부제로 작용하게 되고, 따라서 와인에 타닌이 많이 함유된 경우에는 와인이 쉽게 변질되지 않고 복합미가 있는 와인이 된다.

타펠바인(Tafelwein) 가장 낮은 등급의 테이블와인을 뜻하는 독일어.

탄산가스 침용법(Carbonic maceration) 레드와인의 일반적인 제조법과 달리, 대형 밀폐용기에 포도를 파쇄하지 않고 송이째 넣어서 밀폐시키는 양조법. 미생물의 활동을 막기 위해 탄산가스를 넣고 수일간 그대로 두면 발효가 시작되어 자연스럽게 압착된다. 이 방법을 사용하면 포도 품종 자체의 향보다 더 좋아지며, 쓰고 떫은 맛이 줄어든다. 보통 보졸레 와인을 만드는 방법으로 이용된다.

테누타(Tenuta) 포도원을 뜻하는 이탈리아어.

테루아(Terroir) 토양 상태와 기후 등 와인의 재료가 되는 포도가 자랄 수 있는 환경을 일컫는 프랑스어.

토니(Tawny) 색이 바랠 때까지 약 5년 동안 숙성시킨 포트와인.

트로켄(Trocken) 드라이한 와인을 뜻하는 독일어.

트로켄베렌아우스레제(Trockenbeerenauslese) 최상의 QmP 등급 와인. 베렌아우스레제처럼 늦게 수확한 포도로 만들어 달콤하다. 이런 와인들은 보통 귀부병에 걸린 포도를 주재료로 한다. 농축된 포도즙으로 만들며 꽤 비싸다.

트리즈(Tries) 선별수확법을 뜻하는 프랑스어. 충분히 익은 포도만을 골라 수확하는 방법을 말한다.

틴토(Tinto) '레드'라는 뜻의 스페인어.

ㅍ

파사다(Pasada) 숙성시켜 만든 만사니아(참조) 셰리.

파쇄(Crushing) 포도즙을 내기 위해 발효 전에 포도를 으깨는 과정.

파시토(Passito) 건조시킨 포도로 만든 달콤한 와인.

파토리아(Fattoria) 이탈리아의 포도원을 일컫는 말.

파하레테(Pajarete) 중간 정도 단맛의 스페인 와인.

팔로 코르타도(Palo cortado) 피노와 같은 제조공법으로 만들어지나, 맛은 올로로소에 가까운 셰리.

패덕(Paddock) 호주의 포도원을 일컫는 말.

페일 크림(Pale cream) 피노를 기본으로 한 단맛의 셰리.

페티양(Pétillant) 가벼운 스파클링와인을 일컫는 프랑스어.

포데레(Podere) 와인생산지를 일컫는 이탈리아어.

포도나무뿌리혹벌레(Phylloxera) 필록세라. 19세기 말 아메리카에서 전파되어 유럽 대부분의 포도밭을 황폐화시킨 해충. 그후 심은 포도나무는 이 질병에 면역성이 있는 미국산 포도나무 뿌리에 접목한 것이다.

포도주양조학(Œnology) 포도 재배부터 양조, 숙성, 보관까지 와인의 모든 것을 다루는 학문.

폭시(Foxy) 원래는 '여우 같은'의 뜻. 와인용어로는 북아메리카 야생 와이너리에서 생산되는 와인의 맛을 일컫는다. 사향 냄새가 나는(musky), 비누 같은(soapy), 매니큐어냄새 같은(like nail varnish) 등의 표현과 함께 자주 쓰인다.

푸드르(Foudre) 2만~3만 리터가 들어가는 큰 와인통.

프레디카토(Predicato) 토스카나 지방의 고급와인을 일컫는 말.

프레스드 주스(Pressed juice) 프리 런 주스로 흘러나온 뒤 남은 침전물을 압축시켜 만든 와인. 이 와인과 프리 런 주스를 블렌딩하기도 한다.

프르미에 크뤼(Premier Cru) 보르도와 부르고뉴 지방에서 사용하는 1등급 와인을 일컫는 말.

프리 런 주스(Free run juice) 포도껍질과 씨를 압착하기 전에, 포도의 무게로 짓눌려 자연스럽게 나오는 와인을 말한다.

프리잔테(Frizzante) 와인 가벼운 이탈리아 스파클링 와인.

프티 샤토(Petit château) 등급이 매겨지지 않은 와인 샤토를 일컫는 말로, 주로 보르도 지역에서 사용한다.

플로르(Flor) 피노를 만들 때 쓰는 독특한 효모. 피노의 산화를 방지해 독특한 향을 유지시킨다.

피노(Fino) 플로르라는 효모로 숙성시킨 옅고 드라이한 스페인 셰리주.

필터링(Filtering) 와인의 포도찌꺼기나 죽은 효모를 걸러내는 과정.

ㅎ

하르프트로켄(Harbtrocken) 중간 정도의 드라이함을 뜻하는 독일어.

햇와인(Primeur) 젊은 와인 상태로 파는 와인을 일컫는다. 그해 만들어진 와인은 11월 21일부터 1월 31일까지 시장에서 판매된다. 보졸레 누보가 이에 속한다.

헥토리터(Hectolitre, hl) 100리터.

호벤(Joven) 젊은 와인을 일컫는 스페인어.

흰곰팡이(Mildew) 따뜻하고 습한 지역에서 자라는 포도나무를 공격하는 균.

● 참고문헌

Bien Connaître et Déguster Le Vin/ Evelyne Malnic; Solar,Paris 2004
Petet Larousse des vins/ Larousse; Paris 2005
Le bonheur est dans le vin/ Albert Adam et Jean Luc Jault; Les Editions de L'homme,Quebec, Canada 2006
Savoir Goûter le vin/ Enrico Bernardo; Plon, Paris 2006
Bouteilles de Rêve/ Silvie Girard-Lagorce; Hachette, Paris 2004
Le Spécialiste-Vins du monde/ Susan Keevil; Gründ, Paris 2006

Grosses Weine der Welt; Bettane & Desseauve/ Knesbeck 2006
Wein / André Dominé; Könnemann, Köln 2000
WEIN Die neue grosse Schule/ Jens Priewe; Zabert Sandemann, München
Le Domaine de la Romanée Conti/ Gert Crum; Zabert Sandemann 2005
Die hohe Schule des Weines/ Kurt M. Hoffmann; Moewig Verlag KG, Rastatt
Kleines Lexikon der Wein-Irrtümer/ Frank Kämmer; Eichhorn, Frankfurt a.Main
Knigge für Weintrinker/ Isabel Gänkler, Reinhardt Hess; Hallwag
Crashkurs Weinprobe/ Cornelius Lange, Fabian Lange; Hallwag
200 Fragen yum Wein/ Till Ehrlich; Hallwag
Kleiner genialer Weinführer/ Stuart Pigott; Fischerverlag, Frankfurt a.Main 2006
Kleine Geschichte für Weinfreunde/ Antje Herzog; Engelhorn, Stuttgart
Wein und Fest geschichten der Bibel/ Florian Foss; Deutschebibelgeschichte, Stuttgart 2005
Roter Wein und sanfte Hügel/ Luigi Santucci; Sanssouci, Zürich
Rot oder weiss?/ Susanne Greter; Inselverlag, Frankfurt a. Main 2003
Wein & Krieg/ Don & Petie Kladstrup; dtv, München 2001
Witze, Sprüche, Anekdoten vom Wein/Rudolf Knoll; Fraund, Mainz 2000
Bordeaux Total Pocket Guide/ René Gabriel; Orell Füssli
Der Kleine Johnson 2007/ Hallwag 2007

The ULTIMATE ENCYCLOPEDIA of Wine, Beer, Spirits & Liqueurs/ Stuart Walton & Brian Glover; Lorenz Books, London 1998
The Art of Decanting/ Sandra Jordan; Chronicle Books, San Fransisco 2006
The Story of Wine/ Hugh Johnson; Mitchell Beazley, London 2004
The Everything Wine Book/ Dany May and Andy Sharpe, Avon 1997
Illustrated Wine/ Maran; Mississauga, Canada 2006
A Wine Miscellany/ Graham Harding; Clarkson Porrer, New York 2005

와인학개론/ 김성혁, 김진국, 백산, 서울 2003
와인에센셜/ 서한정 편역, 아카데미북, 서울 2003
와인강의/ 박원복, 윤경은, 라이프김영사, 서울 2007
도도한 알코올, 와인의 역사/ 로드 필립스 저, 이은선 역; 시공사, 서울 2003
와인구매가이드/ 손진호; 바롬웍스, 서울 2006
와인의 달인 로버트 몬다비/ 로버트 몬다비, 이병렬 역; WB 2007

WINE GUIDE/ 林 尚武: Merukomu 株式會社, 東京 2005
ワインの教科書/ 木村克己; 新星出版社, 東京 2006
ワインが話るフランスの歴史/ 山本 博; 白水社, 東京 2006
プロのタメのワイン會話集/ Laetetia Perraut, 芳村紀子 역; Shibada Shoten, 東京 2006
ワイン入門/ 弘兼 憲史; 幻多舎, 東京 2006
世紀のワイン/ Michel Dovaz, 山本博 감수; 柴田書店, 東京 2000
パリスの審判/ジョージ・M·テイバ, 葉山考太郎 역; 日經BP社, 東京 2007

In Vino Veritas